“海洋梦”系列丛书

沧海桑田

海洋知识拾贝

“海洋梦”系列丛书编委会◎编

合肥工業大學出版社
HEFEI UNIVERSITY OF TECHNOLOGY PRESS

图书在版编目（CIP）数据

沧海桑田：海洋知识拾贝/“海洋梦”系列丛书编委会编．—合肥：合肥工业大学出版社，2015.9（2021.6 重印）

ISBN 978-7-5650-2420-7

Ⅰ.①沧…　Ⅱ.①海…　Ⅲ.①海洋—普及读物　Ⅳ.①P7-49

中国版本图书馆 CIP 数据核字（2015）第 209026 号

沧海桑田：海洋知识拾贝

“海洋梦”系列丛书编委会　编　　　　责任编辑　张惠萍　张和平

出　版	合肥工业大学出版社	版　次	2015 年 9 月第 1 版
地　址	合肥市屯溪路 193 号	印　次	2021 年 6 月第 3 次印刷
邮　编	230009	开　本	710 毫米×1000 毫米　1/16
电　话	总　编　室：0551-62903038	印　张	12.75
	市场营销部：0551-62903198	字　数	200 千字
网　址	www.hfutpress.com.cn	印　刷	安徽芜湖新华印务有限责任公司
E-mail	hfutpress@163.com	发　行	全国新华书店

ISBN 978-7-5650-2420-7　　　　定价：35.00 元

目 录

沧海桑田——海洋知识拾贝

第一章 喧嚣的海洋世界

第一节 海洋从何而来 ……002
追根溯源——海洋的产生 ……002
海水来源的真相 ……004
众说纷纭：三种学说 ……005
第二节 波澜壮阔的海洋 ……010
认识辽阔的海洋 ……010
海洋是怎样划分的 ……013
海水到底有多咸 ……018
风姿绰约的海峡和海湾 ……020
第三节 不可不知的海洋名词 ……022
资源独享：专属经济区 ……022
蓝色国土：领海、公海、内海 ……023
人类共同的财富：国际海底区域 ……024

第二章 叹为观止的海洋之最

第一节 蔚蓝大海之最 ……026
最大的海 ……026
最浅的海 ……027
最小的海 ……027
最封闭的海 ……028
最淡的海 ……029
最大的内海 ……030
水温最低的海 ……031
第二节 各具特色的海洋之最 ……032
最大的海底山系 ……032
最大的洋流 ……033

最大的冰山 …………………………… 034
最深的海沟 …………………………… 034
最长的海沟 …………………………… 035
最富有的海湾 ………………………… 036
最宽最深的海峡 ……………………… 037
最大的海湾 …………………………… 037
最年轻的海峡 ………………………… 038

第三章　多“景”的海洋

第一节　奇特的海洋风貌 ……………………… 040
平坦富饶：大陆架 …………………… 040
海底巨龙：洋中脊 …………………… 041
海洋最深处：海沟 …………………… 043
海洋史书：海洋沉积物 ……………… 045
移动的山丘：海洋冰川 ……………… 045
第二节　叹为观止的海上建筑 ………………… 047
话说海底隧道 ………………………… 047
21 世纪初的海上娱乐场 ……………… 049
千姿百态的海上人工岛 ……………… 051
未来海上城市随想 …………………… 053
第三节　崎岖亮丽的海岸 ……………………… 055
雄伟壮丽：侵蚀海岸 ………………… 055
细如皮肤：沙质堆积海岸 …………… 057
魅力独具：淤泥质堆积海岸 ………… 058
资源丰富：生物海岸 ………………… 060

第四章　话说蓝色生命圈

第一节　海洋——生命的摇篮 ………………… 062
什么是海洋生物 ……………………… 062
海洋生物都生活在哪儿 ……………… 063
海洋里到底有多少种生物 …………… 065
海洋中的食物链是什么样子的 ……… 066
第二节　形形色色的海洋生物 ………………… 072
深海虎王：虎鲸 ……………………… 072
海洋巨无霸：蓝鲸 …………………… 074

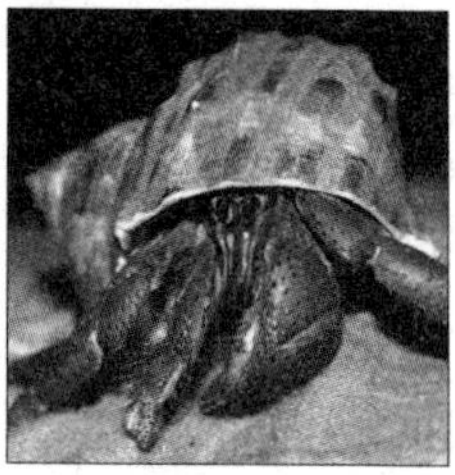

海洋歌唱家：座头鲸 …………………… 076
杂技明星：海豹 ………………………… 079
海底耕耘者：海象 ……………………… 081
海中智叟：海豚 ………………………… 082
水下魔鬼：蝠鲼 ………………………… 084
空中海盗：军舰鸟 ……………………… 086
漂浮的雨伞：水母 ……………………… 088
滑翔冠军：信天翁 ……………………… 089
海洋卫士：红树林 ……………………… 091
红色的海藻：红藻 ……………………… 094
海藻之王：巨藻 ………………………… 095
生物的守护神：海草 …………………… 097
第三节　海洋生物的秘密 ……………………… 100
生长在珊瑚礁中的“四大家族” …… 100
五彩缤纷的贝类“外衣” ………… 101
海洋里的“白衣天使” …………… 102
喜欢排队旅行的龙虾 …………………… 104
虾蟹脱盔换甲的奥秘 …………………… 105
谁是海洋中最大的寄居蟹 …………… 106
为什么说海绵是多姿多彩的 ………… 107

第五章　神秘莫测的海洋世界
第一节　壮丽神奇的海洋奇观 ………………… 110
海底平顶山 …………………………… 110
海底烟囱 ……………………………… 112
“一呼一吸”妙趣横生 ……………… 114
海底“冰雪”世界 …………………… 117
猛烈的海底风暴 ……………………… 119
海底洞穴探奇 ………………………… 121
“生物钟”在水下响起 ……………… 124
神秘的海底史前画 …………………… 127
奇妙的海底声音 ……………………… 131
海底的天外来客——星屑 …………… 133
第二节　扑朔迷离的海洋之谜 ………………… 136
“百慕大三角”之谜 ………………… 136

海洋地震之谜 …………………………… 138
海底喷发物之谜 ………………………… 139
深海生物之谜 …………………………… 140
海底温泉之谜 …………………………… 142
死亡岛之谜 ……………………………… 144
深海怪物之谜 …………………………… 145
海洋“美人鱼”之谜 ………………… 146
诡异的海底坟墓之谜 ………………… 149
神秘的海上冰雕 ……………………… 150
悬在头顶的大海 ……………………… 152
魔鬼海之谜 ……………………………… 153
海滩古井之谜 …………………………… 155

第六章　海洋家族“姐妹花”

第一节　性格迥异的大洋 ………………………158
世界第一洋：太平洋 ………………… 158
最活跃的洋：大西洋 ………………… 164
最年轻的洋：印度洋 ………………… 168
世界最小的洋：北冰洋 ……………… 172
第二节　异彩纷呈的大海 ………………………178
中国大门：渤海 ……………………… 178
混浊之海：黄海 ……………………… 179
中国第一海：南海 …………………… 181
著名渔场：北海 ……………………… 183
红色的大海：红海 …………………… 186
重要的海上通道：加勒比海 ……… 187
海上草原：马尾藻海 ………………… 190
北冰洋的“暖池”：巴伦支海 ……… 192
世界交通要道：阿拉伯海 ………… 193
大自然的杰作：珊瑚海 …………… 195

第一章
喧嚣的海洋世界

人类对海洋充满着无限崇敬之情，纷纷把赞美的词汇献给了它，如美丽、辽阔、富饶，此外还有神秘。大概是由于孕育了地球最原始生命的缘故，尽管蓝色的海洋总是喜怒无常，总是高深莫测，总是让我们心生敬畏甚至恐惧，但人类对海洋的热爱和迷恋却是与生俱来、无以复加的。那壮美的风光、丰富的物产、奔腾的碧浪、无限的海域，都让人类如朝圣般景仰喧嚣不已的海洋世界，并且深情地赞美着这最原始的生命故乡。

第一节　海洋从何而来

追根溯源——海洋的产生

远古的人们生活在陆地上，对桀骜不驯、神秘莫测的大海敬而远之，认为海是神灵，是凶险恐惧之地，于是编造了不少美丽动听的神话。如《圣经》中对海的产生是如此描述的：神灵出现的第一天，带来了光明，形成了白天和黑夜；神灵出现的第二天，塑造了蓝蓝的天空，形成了天与地；神灵出现的第三天，就把地上的水聚集在一起，大叫一声：“陆地，出现吧！”于是陆地就诞生了，海洋也随之出现了。我国古代人们认为“海为龙世界”，海中有龙王居住的宫殿，海龙王主宰着水的世界。上述思想，反映了在科学技术落后的时代，人们对海洋神秘现象的恐惧感与求助于神灵保佑的美好愿望。

让人敬畏的海洋

你知道吗

生命的摇篮

原始的海洋，海水不是咸的，而是带酸性、缺氧的。水分不断蒸发，反复成云致雨，重新落回地面，把陆地和海底岩石中的盐分溶解，不断地汇集于海水中。经过亿万年的积累融合，才变成了大体均匀的咸水。同时，由于大气中当时没有氧气，也没有臭氧层，紫外线可以直达地面，靠海水的保护，生物首先在海洋里诞生。大约在38亿年前，在海洋里产生了有机物，先有低等的单细胞生物。在6亿年前的古生代，有了海藻类，在阳光下进行光合作用，产生了氧气，经过慢慢积累，形成了臭氧层。此时，生物才开始登上陆地。

后来，生活在海边的人们，看到水中漂浮的树叶和木头，受这种自然现象的启发，就尝试着用木头制作出了简单的木船和木筏。古人曾有“古者观落叶因以为舟”“见窾木浮而知为舟”的记载。《易经》也曾说过：“刳木为舟，剡木为楫”。有了这些简单的水上航行工具后，一些勇士们便开始在海上进行小规模的探险活动，对海洋的认识逐步深入。另外，一些先哲们也开始了对海洋的研究。如被誉为“自然研究之父”的古希腊哲学家泰勒斯(公元前624—公元前565年)根据水的循环理论，提出了“水是万物之源”的观点。另一位古希腊哲学家恩培多克勒认为：“海洋是如同地球汗水的盐水的集合体。”有“古代海洋学之父”之称的古希腊学者亚里士多德也指出：“由于太阳的热，从海面蒸发的水蒸气，再次凝结而形成降水，从而形成河川水、喷泉、地下水。这些水流入海中，以此反复循环，但水的总量是不变的。”这些观点完全摒弃了各种迷信思想，渐渐揭开了海洋的神秘面纱，把人们带入了对海洋科学认识的正确轨道。

海洋到底有多大的年龄，多数学者认为距今18亿～45亿年，最大年龄约为45亿年。海洋的形成离

神秘莫测的海洋

不开凹凸不平的地球表面和海水两个基本因素。一方面，地表低洼的部分为洋盆，用来存放海水；另一方面，海水贮存在洋盆之中，有水才能叫海洋。因此，两个基本因素缺一不可。

海水来源的真相

俗话说："海水不可斗量"。其意指海水数量之多。海水的总体积到底有多少，很难准确计算，据粗略估算，全球海洋贮存着约13.38亿立方千米的水资源，约占地球所有水量的97%。如此巨大容量的海水是怎样形成的呢？科学界对此也有几种观点。

你知道吗

海水为什么是蓝色的

太阳光照射到海面时，一部分光被反射回来，另一部分光折射进入水中。进入水中的光线在传播过程中会被水吸收。水对光的吸收与光的波长有关，即水具有选择吸收性。水对波长较长的光吸收显著，对波长较短的光吸收不明显。红光、橙光和黄光在不同的深度时均被吸收，并使海水的温度升高；到一定的深度绿光也被吸收了。而波长较短的蓝光和紫光遇到水分子或其他微粒会四面散开，或反射回来。所以

海洋水资源约占地球水量的97%

当海水明净清澈时，目光中被海水吸收最少的蓝光和紫光就反射和散射到我们眼睛里，我们看见的大海就呈现出蓝色。

最早的也是大多数人认同的观点是海水主要来自地球内部。其实在远古时期，海洋中的储水量并不太多，相当于现代海洋的1/10左右，当时地球上的水主要以岩石结晶水的形式储藏在地球内部。在漫长的地球演化过程中，地球内部释放出大量的热量，加热了地壳，于是地球内部产生出非常多的水汽，这些气体通过岩浆活动或火山喷发，“流窜”到地球外部。据推断，主要在距今25亿～45亿年排出的大量气态水存在于大气之中，凝结后以雨或雪降落到地球表面，使海洋中的水量逐渐增加，另外，陆地上的河流也把水源源不断地输送到海洋。经过了大约十几亿乃至几十亿年的漫长积累，才有了现在的海水规模。

近几十年来，少数学者认为海水并非来自地球内部，而是来自宇宙。1983年4月11日，中国无锡市东门区，从天上落下许多冰块，经科学家分析化验，证实这些冰块是来自宇宙的陨冰。美国1996年曾发射过一颗名为“波拉”的卫星，从其所收集的资料证实，宇宙每天都有大量雪球般的小天体陨落到地球上。美国爱德华大学路易斯·福兰克博士研究了大量的卫星观测资料，进一步指出来自宇宙的雪球重量约为2万～4万千克，大小像一间小房屋，在1000～3000千米的高空分解成云。每天都有几千个这样的雪球来到地球，大约经过1000～20000年，地球表面积水可达到3厘米。照此推算，自地球诞生后，每天接收到大量来自太空的“宇宙之雨”，日积月累，就形成了现在13多亿立方千米的海水。

这一新观点引起了科学界的注意和争论，对海水来自地球本身的传统观点发起了强烈的冲击和挑战。到底谁是谁非，现在还难以下结论，因为真理有时掌握在少数人的手中。相信随着时间的推移和科学实验的验证，海水来源的真相必将大白于天下。

众说纷纭：三种学说

海洋的产生与凹凸不平的地表与地壳的变动分不开。关于这个问题学术界一般有三种观点，即大陆漂移学说、海底扩张学说、板块构造学说。接下来，我们一起了解有

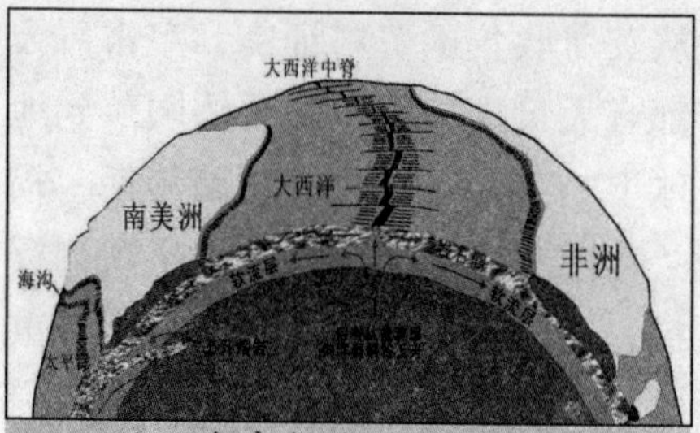

海底扩张演化图

关这三种学说的主要观点。

（1）海底扩张

海底扩张学说是于 20 世纪 60 年代初期，由美国学者提出，假定海底本身在运动。由于地球内部蕴藏着大量的放射性元素，放射性元素的衰变，产生了许多热能。地球内部受热很不均衡，靠近地核附近的地幔受热大，温度高，而地壳附近的地幔温度较低。两者的温差在地球内部产生了循环对流。这种缓慢而巨大的对流运动带动了部分较轻的地壳，并形成了大洋脊，海底运动则从中央洋脊开始，逐步向外进行。

现在海洋磁力测量的成果已经证实了海底扩张理论，计算结果表明，海底扩展速度一般为每千年 1 ~ 5 厘米，即 1 亿年为 1000 ~ 5000 米。按照这样的扩展速度，也就意味着再过 6000 万年，美国洛杉矶将潜入阿留申海沟，永远消失在海洋之中。

（2）大陆漂移说

早在 1620 年，英国人培根就已经发现，在地球仪上，南美洲东岸同非洲西岸可以很完美地衔接在一起。到了 1912 年，德国科学家魏格纳根据大洋岸弯曲形状的某些相似性，提出了大陆漂移的假说。数十年后，大量研究表明，大陆的确是漂移的。人们根据地质、古地磁、古气候及古生物地理等方面的研究，重塑了古代时期大陆与大洋的分布。大约在 2.4 亿年前，地球上的大陆是汇聚在一起的，这个大陆从北极附近延至南极，地质学上叫泛大陆。在泛大陆周围则是统一的泛大洋。此后，又经过了漫长的岁月，泛大陆开始解体，北部的劳亚古陆和南部的冈瓦纳古陆开始分裂。大陆中间出现了特提斯洋 (1.8 亿年前)。此后，大陆继续分裂，印度洋陆块脱离澳大利亚 – 南极陆块，南美陆块与非洲陆块分裂，此时的印度洋、大西洋扩张开始。到了 6000 万年前，已经出现现代大陆和大洋的格局雏形。以后，澳大利亚裂离南极北上，阿拉伯板块与非洲板块分离，红海、亚丁湾张开，形成现代大洋和大陆的分布格局。

大陆的漂移由扩张的海底也能得到证实。纵贯大洋底部的洋中脊，是形成新洋底的地方；地幔物质上升涌出，冷凝形成新的洋底，并推动先形成的洋底向两侧对称地扩张；海底与大陆结合部的海沟，是洋底灭亡的场所。当洋底扩张至大陆边缘的海沟处时，向下俯冲潜没在大陆地壳之下，使之重新返回到地幔中去。

从地图上看出，大西洋两岸海岸线弯曲形状非常相似，但细究起来，并不十分吻合。这是因为海岸线并不是真正的大陆边缘，它在地质历史中随着海平面升降和侵蚀堆积作用发生过很大的变迁。1965 年，英国科学家布拉德借助计算机，按 1000 米等深线，将大西洋两缘完美地拼合起来。如此完美的大陆拼合，只能说明它们曾经连在一起。此外，美洲和非洲、欧洲在地质构造、古生物化石的分布方面都有密切联系。例如，北美洲纽芬兰一带的褶皱山系与西北欧斯堪的纳维亚半岛的褶皱山系遥相呼应；美国阿巴拉契亚山的海西褶皱带，其东端没入大西洋，延至英国西南部和中欧一带又重新出现；非洲西部的古老岩层可与巴西的古老岩层相衔接。这就好比两块撕碎了的报纸，按其参差的毛边可以拼接起来，而且其上的印刷文字也可以相互连接。我们不能不承认这样的两片破报纸是由一大张撕开来的。

古生物化石，也同样证实大陆曾是连在一起的。比如广布于澳大

火山喷发

利亚、印度、南美和非洲等南方大陆晚古生代地层中的羊齿植物化石，在南极洲也有分布。此外，被大洋隔开的南极洲、南非和印度的水龙兽类和迷齿类动物群，具有惊人的相似性，这些动物也见于劳亚大陆。如果这些大陆曾经不是连在一起，很难设想这些陆生动物和植物是怎样远涉重洋、分布于世界各地的。

（3）板块构造说

板块构造理论，是从海底研究得出的，是了解地球形态的一把钥匙。

地球表层是由一些板块合并而成的。这些板块就像浮在海面的冰山，在熔融的地幔岩浆上漂浮运动。所谓板块构造，也就是这些坚硬的岩石板块以及它们的运动体系。地球表层主要有六个基本板块。板块坚如磐石，内部稳定，地壳处于比较宁静的环境之中；而板块之间的交界处是地壳运动激烈的地带，经常发生火山喷发、地震、岩层的挤压褶皱及断裂。

六大板块中，太平洋板块完全由大洋岩石圈组成；而大西洋由洋中央海底山脉分开，一半属于亚欧板块和非洲板块，一半属于美洲板块；印度洋，也由“人”字形的海底山脉分开，使印度洋洋底分别属于非洲板块、印度板块和南极板

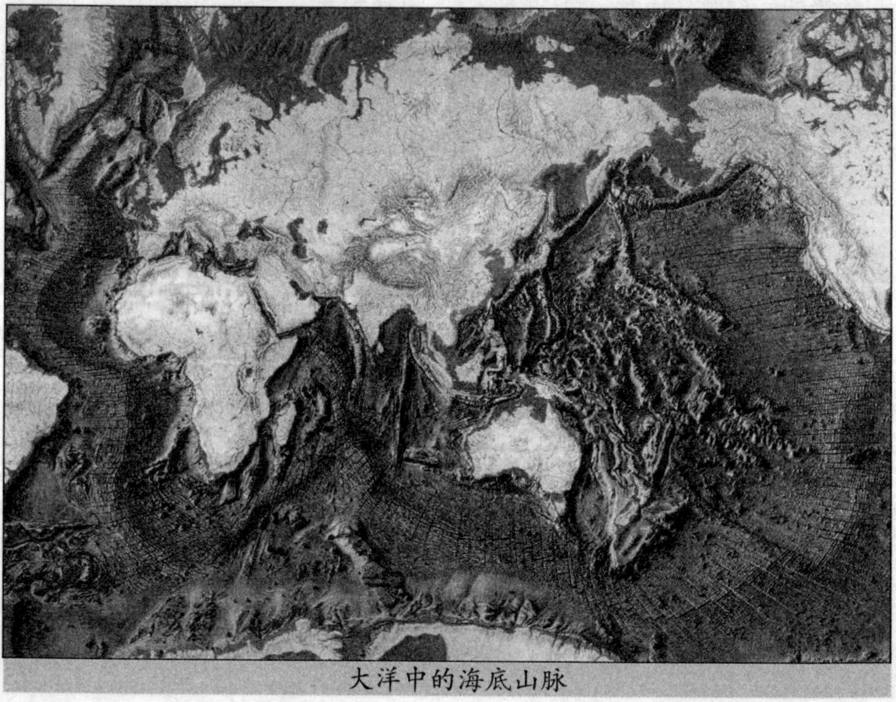

大洋中的海底山脉

块。所以，这些板块是由大洋岩石圈及大陆岩石圈组成，包含了海洋与大陆。

板块为什么会运动？它的动力来自何处？目前的科学知识告诉我们,主要是地幔深处的热对流作用。地球深部的核心称地核，它是高温熔融的。它给地核外围的地幔加热，致使温度很高，靠近地核的岩层也熔化。地幔下部的导热性不能有效地将地核的热量散发出去，使热量积聚，致使地幔温度逐渐升高。地幔物质成为塑性状态，形成对流形式的运动。地幔的热对流是在大洋中的海底山脉(又称洋中脊)处上升，沿着海底水平运动，到大洋边缘的海沟岛弧带，经过长距离水平运动后冷却，而沿海沟带下沉，又回到高温的地幔层中消失。

由于地幔的对流运动，使得漂浮在它上面的板块也被带动做水平运动。所以，地幔的热对流是带动板块运动的传送带。板块从洋中脊两侧各自做分离的运动。这运动的板块最终总会相遇的，相遇时会相互碰撞。当大洋板块与大陆板块相碰撞，大洋板块密度大而且重，就插到大陆板块之下，在碰撞向下插入处就形成大洋边缘的深海沟。假如是两个大陆板块相碰撞，则互相挤压，使两个板块的接触带挤压变形，形成巨大的山系。如喜马拉雅山系就是由于欧亚板块与印度板块挤压而形成的。因此，大洋底部的运动，形成大洋边缘岛弧海沟复杂的地貌，也构成大陆上巨大的山系。板块构造控制了整个地球的地表形态。

第二节　波澜壮阔的海洋

认识辽阔的海洋

海洋与陆地、大气共同组成了地球的基本环境。地球演化学说表明，地球上的水主要是从大气中分化出来的。早期的大气含有大量的水汽，由于温度逐渐降低以及大气中含有大量的尘埃，一部分水汽便凝结成液态水降落至地面，汇聚在洼地中形成原始的水圈。以后由于

地球的表面环境

水量的增加和地壳形态的变化，原始水圈的绝大部分演化成海洋。有关资料表明，地球表面积为5.1亿平方千米，其中，海洋面积为3.61亿平方千米，约占地球表面积的70.8%，其平均深度为3795米；陆地面积有1.49亿平方千米，约占地球表面积的29.2%。

海洋在人类赖以生存的地球上，以其巨大的分布面积，足以给人类的生活造成巨大而深远的影响。海洋创造了一个充满生机的生物世界，也创造了地球上的生命。没有海洋，地球也会像月球和其他人类已探知的星球一样，成为死寂的、没有生命存在的星球。海洋调节着全球的气候，创造了人类能够生存的自然环境。科学家们为了探索海洋，进行过现代海气交换的实验研究。结果表明，海洋以其占地球98%的水

体（没有海洋，陆地上的2%的水体也不会存在）和巨大的热容量，通过海洋与大气的相互作用，不仅控制着气候的状态，而且影响着气候的变异；产生于海洋的热带低气压、热带风暴以及台风等，对调节地球的气候起着重大作用；海洋吸收4/5的太阳能，海洋植物通过太阳每年能生产360亿吨氧，大气中70%的氧是海洋产生的，海洋是二氧化碳等温室效应气体的储存器，大气中剩余的二氧化碳部分被海洋吸收，海洋中的二氧化碳比大气中的含量高60倍；海洋每年蒸发出淡水44亿立方千米，以降雨的形式返回陆地和海洋，大气中的水分每10～15天完成一次更新；海洋还有很强的净化能力，分解和消除着各种有害物质。

生命起源于海洋，海洋被誉为生命的摇篮，万物的母亲。生命演化的过程大体为：无生命的小分子有机物（甲烷、乙炔）→有活性大分子（海洋）→生命的“胚胎”→原生动植物→多细胞后生动植物→无脊椎动物→脊椎动物→两栖动物→鸟类→哺乳类（300万年前）→人类。至今，地球上生存着的一切生物，均完全来源于海洋。

海洋不仅创造了人类生存的基本条件，孕育了人类，还是人类潜在的巨大资源宝库。据有关专家们测算，地球上的初级生产力每年约为1540亿吨有机碳，其中的1350亿吨来自海洋，约占87.7%。海洋中的生物多达20余万种，其中动物

生命起源于海洋

约18万种，植物2万余种。在动物中有鱼类2.5万种，可供人类食用的鱼类有200余种。海洋每年繁殖各种生物约400亿吨，据专家们测算，其中鱼类年生产量估计为6亿吨(鲜重)。海洋中含有储量极为丰富的矿藏。海水中含有80种元素，其中镁、溴、碘、钾、铀、金、银等含量丰富。世界各大洋中的锰结核矿总储量可达3万亿吨左右。这种矿含有多种稀有金属元素，其中镍为164亿吨，铜为88亿吨，钴为58亿吨，锰为2000亿吨。据专家们分析，除铜可供使用近千年外，其他几种金属元素可供人类使用2万～3万年。近海的矿藏，如沙砾(建筑材料)、甲壳和文石(水泥原料)、锡矿砂、煤炭等储量也极其丰富。海洋中的无机盐类约5亿亿吨，淡水资源约13亿立方千米。据计算，每立方千米海水中仅氯化钠(食盐)就有2700余吨。如果把海水中的盐类全部提取出来的话，那么，用它将北冰洋填平还绰绰有余。地球上的石油资源，估计有一半埋藏在海底。海洋储藏石油资源的沉积盆地面积大约有5000万平方千米，估计石油资源储量为1350亿吨左右，如将天然气计算在内，储量更是大得惊人。

海洋中众多的生物

你知道吗

在海洋中发现大量油田

在世界海洋中已找到了581处油田。其中，欧洲和地中海25个；北海110个；意大利、北亚得里海20个；黑海和里海17个；南美洲43个；非洲近海27个；西非近海85个；波斯湾60个；印度次大陆沿岸海域2个；远东近海23个；印度和马来西亚近海15个；澳大利亚东部和新西兰近海3个；澳大利亚西北大陆架12个；南部吉普斯兰德海盆19个；北海近海44个；美国墨西哥湾16个。

海洋中蕴藏着丰富的能量。海洋能资源潜力相当大，其中包括潮汐能、波浪能、温差能、盐差能、海流能、潮流能等。据美国学者估计，世界海洋能源的理论蕴藏量为1500多亿千瓦，可以开发利用的为73.8亿千瓦，其中波浪能27亿千瓦、温差能20亿千瓦、盐差能26亿千瓦、海流能0.5亿千瓦、潮汐能0.3亿千瓦。

海洋还是人类生存发展的广阔空间。海洋空间包括海面、海洋水体、海底和海岸带。整个海洋水体空间比高出海平面的陆地体积大十几倍。

海洋空间资源可用于交通运输

海洋空间可以用于海洋交通运输，也可以用于生产、生活、娱乐、储藏、倾废、通信和电力输送等。

总之，海洋是人类可持续发展的宝贵财富。海洋作为人类生命系统的基本支柱，不论过去、现在还是将来，对人类的生存、发展都起着决定性的作用。

海洋是怎样划分的

我们常说的海洋，是人们的习惯性称谓，它作为一个统称，其主体是海水，同时还包括海里的生物、临近海面的大气、围绕海洋边缘的海岸以及海底等。同时，海和洋也是有区别的，它们是两个不同的概念。“洋”犹如地球水域的躯体，是海洋的中心部分；而“海”则是肢体，是海洋的边缘部分，与陆地

“海”是海洋的边缘部分

相连。海与洋彼此沟通，组成统一的世界海洋。

洋和海的主要差别体现在五个方面：面积、水深、潮汐系统、受陆地影响程度以及沉积物。

洋远离大陆，面积广阔，约占海洋总面积的89%，水深一般在2~3千米，最深达10千米。水文要素如温度、盐度等不受大陆影响，水色多为蓝色，透明度较大。洋一般都有独立的潮汐系统和强大的洋流系统。其沉积物多为钙质软泥、硅质软泥和红黏土等海相沉积物。

海作为洋的边缘部分，它紧靠陆地，深度较浅，一般在2千米以下，与洋相比，它面积较小，约占海洋总面积的11%。水温和盐度受大陆影响较大，并有明显的季节变化。在淡水流入少、蒸发量大、降水量少的海区，盐度较高；在有大量河水流入、蒸发量较小、降水充沛的海区，盐度较低。海一般没有独立的潮汐系统和洋流系统。海底沉积物多为沙、泥沙、淤泥等陆相沉积物。

海底沉积物多为沙和泥沙

按所处的地理位置不同，海可以分为边缘海、陆间海和内海。位于大陆边缘，以半岛、岛屿或群岛与大洋分隔，但是水流交换通畅的海，被称为边缘海，如阿拉伯海、日本海以及我国的黄海、东海、南海等；深入大陆内部，仅有狭窄的水道与大洋相通的海被称为内海，如红海、黑海以及我国的渤海等；处于几个大陆之间的海，是陆间海，如欧亚非大陆之间的地中海和中美洲的加勒比海。

地球表面的海洋面积为 3.61 亿平方千米，太平洋占 49.8%，大西洋占 26%，印度洋占 20%，北冰洋占 4.2%。太平洋占世界海洋面积将近一半，其他三大洋合起来占一半。

太平洋是面积最大的大洋。东西最宽 1.99 万千米，南北最宽 1.59 万千米。北有白令海峡与北冰洋相通，东有巴拿马运河、麦哲伦海峡、德雷克海峡沟通大西洋，西经马六甲海峡、巽他海峡和龙目海峡，东南有印度洋海丘、托莱斯海峡、帝汶海等沟通印度洋。

太平洋是最深的大洋。平均水深为 3957 米，最大深度在马里亚纳海沟，水深为 1.1034 万米。全世界有 6 条万米以上的海沟全部集中在太平洋。太平洋海水容量为 7.071 亿立方千米，居世界大洋之首。

太平洋是岛屿和边缘海最多的

马六甲海峡风光

太平洋是发生地震最频繁的大洋

大洋，有1万多个岛屿，面积440多万平方千米，主要分布在其西部和中部。东部岸线平直，陆架狭窄；西海岸分布着岛屿，海岸线曲折，海湾众多，陆架宽广。

“太平”一词即“和平”之意，据资料记载，最早是由西班牙探险家巴斯科发现并命名的。16世纪，西班牙的航海学家麦哲伦从大西洋进入太平洋，航行期间，天气晴朗，风平浪静，于是同时把这一海域取名为“太平洋”。但太平洋并不太平，它是世界大洋中发生地震、火山灾害最频繁的大洋。

大西洋是世界第二大洋。其面积是太平洋的一半稍多。呈南北走向，似“S”形的洋带，南北长、东西窄，因此，大西洋是跨纬度最多的大洋。该大洋位于南、北美洲和欧洲、非洲、南极洲之间，北以冰岛—法罗岛海丘和威维尔—汤姆森海岭与北冰洋分界，南临南极洲并与太平洋、印度洋南部水域相通，西南以通过南美洲最南端合恩角的经线同太平洋分界，东南以通过南非厄加勒斯角的经线同印度洋分界，西部通过南、北美洲之间的巴拿马运河与太平洋沟通，东部经欧洲和非洲之间的直布罗陀海峡通过地中海，以及亚洲和非洲之间的苏伊士运河与印度洋的附属海红海沟通。

印度洋位于亚洲、非洲、大洋洲和南极洲之间，全部水域都在东半球，是世界第三大洋，因位于亚洲印度半岛南面，故名印度洋。

印度洋北边封闭，南边开阔，其北部海岸线曲折，东、西、南三面海岸陡峭平直。印度洋底有复杂的地貌景色，如“人”字形大洋中脊、特殊的东经 90° 海岭、巨大的水下冲积锥等。由于印度洋主体位于赤道带、热带和亚热带范围内，故被冠以“热带海洋”的名称。由于印度洋与亚洲大陆的交互作用，印度洋北部形成世界上特有的季风洋流。

北冰洋大致以北极为中心，介于亚欧和北美洲之间，故有人称其为北极地中海。其面积最小，水深最浅，常年覆盖冰层，是最寒冷的大洋；它的海岸线曲折，具有世界上最宽的大陆架。北冰洋有两大奇观，第一大奇观是那里一年中几乎一半的时间是漫漫长夜，而另一半则是白昼，从而形成北冰洋上的一年仿佛只是一天的神仙境界；第二大奇观是北冰洋可常见极光现象，变幻无穷、绚丽夺目。

从海洋学而不是从地理学的角度，一般把三大洋在南极洲附近连成一片的水域称为南大洋或南极海域。南大洋是世界上唯一一个完全环绕地球而没有被大陆分隔开的大洋。由于南极洲有 2~2.5 千米厚的冰覆盖，致使陆架深而窄，陆坡陡峭，洋底很深。它具有独特的潮波系统和环流系统，既是世界大洋底层水

印度洋美景

南极海域

团的主要形成区，又对大洋环流起着重要作用。南极洋流是世界上最长的洋流，总长 2.1 万千米，流量为每秒 1.3 亿立方米，等于全世界所有河流流量总和的 100 倍。

海水到底有多咸

众所周知，海水的味道又苦又咸，既不能当淡水来喝，也不能用来洗衣服。可以说海水是“盐”的故乡，它的味道之所以又咸又苦，是因为海水中含有很多矿物质。其中 90%左右是氯化钠，也就是食盐，所以海水是咸的；另外由于还含有氯化镁、硫酸镁、碳酸镁和其他盐类，所以是苦的。海洋中发生的许多现象，常与盐度的分布和变化有关。

要想知道海水的盐度，我们得先了解一下什么是盐度。1902 年，首次将盐度定义为每 1000 克水溶解物质的克数。随着海洋科学的发展，对盐度值准确性的要求越来越高，因此对盐度的定义，作了几次修订。

现在的海水盐度是指海水中全部溶解固体与海水重量之比。根据测定，海水中含量最多的化学物质有：钠、镁、钙、钾、锶 5 种阳离子；氯、硫酸根、碳酸氢根、溴和氟 5 种阴离子和硼酸分子。海水的盐度是海水最重要的理化特性之一，它与沿岸径流量、降水及海面蒸发密切相关。

你知道吗

盐度最低的海

在斯堪的那维亚半岛与欧洲大陆之间，孕育着世界最大的低盐度水域，它就是波罗的海。波罗的海是世界上盐度最低的海域，首先是因为波罗的海的形成时间还不长，这里在冰河时期结束时还是一片被冰雪覆盖的汪洋，后来冰川向北退去，留下的最低洼的谷地就形成了波罗的海，水质较好；其次，波罗的海为封闭海区，盐度高的海水不易进入；最后，波罗的海蒸发弱，雨水又较多，四周有多条河流注入，因此海水较淡就不奇怪了。

海水盐度因海域所处位置不同而有差异，一般来说，大洋水中盐度的变化很小，近海水域的盐度变化较大。

从整个世界大洋看，海水的盐度呈“M”状变化：赤道附近盐度最低，那是因为这里的降雨量大于蒸发量，这一海区的年净得雨水约为22厘米，雨水使海水的盐度降低；在南北纬20° 附近，因受信风带的影响，天气干燥、降雨量小，所以蒸发量大大高于降雨量，海水的盐度自然增加；而位于南极和北极附近的高纬度地区，因气温较低，蒸发量小，并且降雨量大，所以，这一海区的盐度相对小一些。

盐度是海水最重要的理化特性之一

风姿绰约的海峡和海湾

1. 海峡

海峡是位于两个大陆或大陆与邻近的沿岸岛屿以及岛屿与岛屿之间,两端连接两大海域的狭窄通道。它是由海水通过地峡的裂缝经长期侵蚀，或海水淹没下沉的陆地低洼处而形成。一般水较深，水流急且多涡流。海峡内的海水温度、盐度、水色、透明度等水文要素的垂直和水平方向的变化较大，其底质多为坚硬的岩石或沙砾，较少细小的沉积物。

海峡不仅是交通要道、航运枢纽，而且历来是兵家必争之地。它们有的沟通两海(如台湾海峡沟通东海与南海)，有的沟通两洋(如麦哲伦海峡沟通大西洋与太平洋)，有的沟通海和洋(如直布罗陀海峡沟通地中海与大西洋)。因此，人们常把它称为“海上走廊”“黄金水道”。全世界有上千个海峡，其中著名的有 50 多个。

经济发达的海峡

2. 海湾

海或洋伸入陆地，深度逐渐变浅形成明显水区的海域称为海湾。通常三面为陆，一面为海，呈“U”形及圆弧形等，可与其主体部分进行自由的水体交换。其深入大陆的最远处称为湾顶，与外海相通的地方称湾口，湾口两岸海角间的连线为海湾与外海的分界线。

海湾由于特定的地形条件，即它的深度和宽度向陆地逐渐变小，其水文状况具有某些独特的性质，主要表现为潮差较大。例如，北美洲的芬迪湾，是世界上潮差最大的地方。

由于海湾两侧海岸线的遮挡，在湾内形成波影区，使波浪、潮汐的能量辐散降低，风浪扰动小，水体平静。这易于泥沙堆积，沉积物在湾顶沉积而形成海滩。当运移沉积物的能量不足时，可在湾口、湾中形成“拦湾坝”，分别称为“湾

海湾的湾内形成的波影区

口坝”“湾中坝”。

海湾地处陆地边缘，是人类开发利用海洋的重要区域。过去，人们在海湾捕鱼、航海，今天，它是现代海洋开发的基地。大的海湾，可以进行海洋的综合开发；较小的海湾，人们则根据其资源优势来从事不同类型的海洋开发活动。例如，以海港为主的海湾，往往水深浪小，适宜船只停泊；以石油开采为主的海湾，则应是油气资源丰富的地方；发展海滨旅游的海湾，则气候宜人、风景秀丽；适宜滩涂养殖的海湾，则需地势平坦、潮间带辽阔。

随着现代海洋开发的迅速兴起和陆地上工业区向海岸带迁移，沿岸海区污染日益严重，海湾因其自然条件而首当其冲地成为最容易污染的地方。因此，在开发利用海湾的同时，保护海湾环境已是刻不容缓。

世界上大大小小的海湾甚多，主要分布于北美、欧洲和亚洲沿岸，其中较大的有240多个。有些海湾，如北大西洋的墨西哥湾、印度洋的孟加拉湾和波斯湾等实质上是海。

中国海岸线曲折，海湾众多，大体而言，面积在10平方千米以上的海湾有150余个。中国海湾的特征是杭州湾以北，以平原性海湾为主，数量少，规模面积大，开阔壮观，如辽东湾、渤海湾、莱州湾、海州湾等；而杭州湾以南，多为山地丘陵基岩性海湾，数量多，范围小，狭长而海岸曲折，如三门湾、罗源湾、钦州湾等。

第三节　不可不知的海洋名词

资源独享：专属经济区

专属经济区，又称“经济区”，1982年《联合国海洋法公约》确认了专属经济区的概念。它是指在领海以外并邻接领海的一个区域，它从领海基线量起不超过200海里。

专属经济区是海洋法中的一项新制度。它的确立突破了旧海洋法关于“领海之外即为公海”的观点，引起了海洋法结构的重大革新和变化。

经济发达的沿海国

由于专属经济区的出现，使得公海的范围大大缩小了。世界上一些重要海域，如墨西哥湾、鄂霍次克海、南海、东海、黄海等都将被包括在专属经济区之内，世界上重要国际航道也都要经过专属经济区海域。

专属经济区就其性质来说，它不是公海性质的海域，而是国家管辖范围内的海域。但专属经济区又不同于领海，它不属于沿海国国家领土的组成部分。对专属经济区的权利只及于该区域内的自然资源，而不及于该区域的所有部分。总之，专属经济区既非领海，也非公海，而是自成一类的海域。

沿海国在专属经济区内有以勘

探和开发、养护并管理海床和底土及其上覆水域的自然资源（不论为生物或非生物资源）为目的的主权权利，以及关于在该区内从事经济性开发和勘探，如利用海水、海流和风力生产能源等其他活动的主权权利，有对专属经济区内的人工岛屿、设施和结构的建造和使用、海洋科学研究及海洋环境保护和保全等事项的管辖权。

在专属经济区内，所有国家，不论是沿海国或内陆国，在海洋法公约有关规定的限制下，均享有航行和飞越的自由和铺设海底电缆、管道的自由。

此外，经沿海国家的同意，其他国家有在专属经济区内进行科学研究的权利，但此科学研究活动不应对沿海国按照海洋法公约所规定的主权权利和管辖权而进行的活动有不当的干扰。

现在，专属经济区的概念已为世界各国所普遍接受，就连原来反对建立200海里专属经济区的美国、俄罗斯等国也宣布了不同形式的专属经济区。

领海为沿岸国领土的组成部分

蓝色国土：领海、公海、内海

领海，曾被称为沿岸水、沿岸海、海水带和领水。它是指一个国家沿岸一定宽度的海域，为沿岸国领土的组成部分，不容许别国侵犯。

你知道吗

我国领海的范围

我国领海是指从领海基线开始（一是大陆领海的基线为山东高角至峻壁角之间各相邻基点之间的直线连线。二是西沙群岛领海基线为东岛至南岛之间各相邻基点之间的直线连线）外延12海里的区域。它包括渤海全部、黄海、东海和南海各一部分，面积约37万平方千米。

按照《国际海洋法》，领海的定义是：“国家主权扩展于其陆地领土及其内水以外邻接其海岸的一带海域，称为领海。”其中所说的“主权”不仅是指水域，还包括扩展的领海之上的空间及海底和底土。而“一带海域”的范围是由领海的基线、

东海专属经济区

领海的宽度和领海的外沿线决定。

公海是指各国领海之外的，世界各国都可以使用的海和洋的境域。在公海中，各国的船只和公民都可以自由航行、捕鱼，或经营其他海上事业以及铺设海底地缆，是各国人民都可以共享的地方。

内海是基线与岸线之间的水域，它是沿岸国家领土的一部分。沿岸国家有权关闭内海，禁止其他国家和人员或者船只入内，或者规定进入内海必须遵守的规定。

人类共同的财富：国际海底区域

国际海底区域（简称“区域”）是近年来国际海洋法中出现的一个全新概念。它是指国家管辖范围以外的海床及其底土，也可以说是各国专属经济区和大陆架以外的深海洋底及其底土。这一区域的水深一般在3000米或3500米以上。

国际海底区域蕴藏着极其丰富的矿物资源，主要是锰结核和金属软泥。据有关专家的不同估计，三大洋锰结核的蕴藏量为1.5万亿~3万亿吨。

太平洋深海洋底锰结核的储量最多。锰结核所含的金属有30多种，其中锰、铜、钴、镍的含量最为丰富，并达到目前陆上矿山开采的要求。深海软泥中也含有许多金属元素，如铝、铁、铜、镍、钴、钛、钙、硅等。所有上述元素，在工业上和军事上的用途都很大，是重要的战略物资。

《联合国海洋法公约》规定，国际海底区域及其资源是“人类的共同继承财产”。这一新的原则概括起来有三大特征：一是共同拥有，国际海底区域及其资源为世界各国人民所共有；二是共同管理，共同管理的表现形式就是建立国际海底管理局，各国通过该局共同参与海底区域及其资源的管理；三是共同分享，共同分享不是平均分享，而是要优先照顾发展中国家的需要。

锰结核

第二章
叹为观止的海洋之最

世纪上的海洋风格迥异，各有自己的特色。在众多的海洋中，你知道最大的海是哪个海？最浅的海又是谁？最富有的海湾位于哪里？最深的海峡又分布在何处？总之，海洋给世界的不仅是妩媚妖娆，还有广阔和幽深。让我们一起走进海洋的“最”世界，领略海洋的无穷魅力吧！

第一节　蔚蓝大海之最

最大的海

世界上的海，如果以面积大小来划分，要数珊瑚海为最大，其次是阿拉伯海，再次就是南海了。

在全世界的大海中，面积超过300万平方千米的只有三个，超过400万平方千米的只有珊瑚海，它的总面积达到479.1万平方千米，是世界上最大的海。珊瑚海是南太平洋的属海。它西边是澳大利亚大陆，南连塔斯曼海，东北面被新赫布里底群岛、所罗门群岛、新几内亚（伊里安岛）所包围。珊瑚海大部分的海底水深3000~4000米，最深处达9174米，也是世界上最深的海。

最大的海——珊瑚海

你知道吗

珊瑚海名称的由来

在珊瑚海的周围几乎没有河流注入，这也是珊瑚海水质污染小的原因之一，这里的海水清澈透明，水下光线充足便于各种各样的珊瑚虫生存。同时海水盐度一般在2.7% ~ 3.8%之间，这也是珊瑚虫生活的理想环境，因此不管是在海中的大陆架，还是在海边的浅滩，到处有大量的珊瑚虫生殖繁衍。久而久之，逐渐发育成众多形状各异的珊瑚礁，这些珊瑚礁在退潮时，会露出海面，形成一派热带海域所独有的绚丽奇观。“珊瑚海”便因此而得名。

珊瑚海中生活着成群结队的鲨鱼,所以,珊瑚海又被人们称之为“鲨鱼海”。

最浅的海

亚速海是乌克兰和俄罗斯南部海岸外的内陆海。向南通过刻赤海峡与黑海相连，形成黑海的向北延伸。亚速海长约340千米、宽135千米，面积约3.76万平方千米。

亚速海最深处只约14米，平均深度只有8米，是世界上最浅的海。

流入亚速海的河流有顿河、库班河和许多较小的河流，如卡利米乌斯河、别尔达河、奥比托奇纳亚河和叶亚河。西部有阿拉巴特岬，是一片113千米长的沙洲，将亚速海与锡瓦什海隔开。

亚速海的西、北、东岸均为低地，其特征是漫长的沙洲、很浅的海湾和不同程度淤积的潟湖。南岸大都是起伏的高地。海底地形普遍平坦。

由于海水浅，混合状态极佳，甚至温暖，以及河流带入大量营养物质，因而海洋生物丰富。动物有无脊椎动物300多种，鱼类约80种，其中有鲟、鲈、欧鳊、鲱、鲂、鲻、米诺鱼、欧拟鲤和鮰等。沙丁鱼和鲲鱼特别多。

最小的海

马尔马拉海东西长270千米，南北宽约70千米，面积为1.1万平方千米，只相当于4.5个我国太湖那么大，是世界上最小的海。

马尔马拉海位于亚洲小亚细亚半岛和欧洲的巴尔干半岛之间，是欧亚大陆之间断层下陷而形成的内海。海岸陡峭，平均深度183米，最深处达1355米。原来的一些山峰露出水面变成了岛屿。岛上盛产大理石，希腊语“马尔马拉”就是大理石的意思。海中最大的马尔马拉岛，也是用大理石来命名的。

马尔马拉海风光

马尔马拉海东北端经博斯普鲁斯海峡通黑海，西南经达达尼尔海峡通地中海和大西洋，是欧、亚两洲的天然分界线，地理位置十分重要。而且它的东北端可到达黑海，南端可到达地中海，如果遏制住这个地方，那么想要从爱琴海到黑海就会相当困难。由于该地区是亚欧两大陆的交界处，所以其海底相当深，这就为战争中实施偷袭创造了有利条件。

最封闭的海

1、里海

里海是世界上最大的封闭性内陆海。全长1200余千米，面积约40万平方千米，比德国面积大，是北美洲五大湖总面积的1.5倍。形似海豹，位于欧亚大陆之间，其总面积的2/5左右在伊朗境内，其余部分在苏联境内。沿岸有俄罗斯、哈萨克斯坦、土库曼斯坦、伊朗和阿塞拜疆等国家。

里海地处一巨大的盆地，深达1025米，而北部平坦的水底只有5米深左右。伏尔加河接纳北部高地的径流，注入里海，约3/4的里海水量来自于伏尔加河。没有河流从里海流出，里海也没有潮汐。

因用于灌溉等因素，里海正在逐渐失去其水量。目前其海水面约低于海平面28.5米。

里海的含盐度约为113‰，故过去人们常把里海当作咸水湖看待。据考证，大约1200万年前，里海曾是古地中海的一部分，原与黑海、地中海和亚速海相通，到后来才逐渐变成封闭性内陆海。因其深处内

咸海

陆，不与海洋相通，故取名里海。

2、咸海

咸海是世界上最封闭的内陆海之一，是世界第四大湖。位于哈萨克斯坦和乌兹别克斯坦境内，面积约 6.45 万平方千米。内有岛屿 300 多个，大部分水深 20~25 米，最大水深 69 米。其含盐量较海水的含盐量高，但比死海的含盐量小得多，因此,称其咸海未免有点名不符实。

据最新探测成果，咸海是一个两层海，即在地面海海底 300~500 米以下又有一层海，这层海的海水与白垩沉积混合在一起，略含有矿物质，有一定量的盐分，地下海每年供给地面海 4 亿 ~5 亿立方米的海水而不枯竭。天山山脉有几道暗河直通到咸海的地下海。

由于苏联时期将流经咸海的两条主河道——阿姆河和锡尔河改流，用以灌溉这一地区的棉花，致使咸海的生态环境急剧恶化，水域面积减少，盐碱地和沙漠面积增加，渔业资源出现枯竭。

最淡的海

波罗的海是世界上盐度最低的海域。这是因为波罗的海的形成时间还不长，这里在冰河时期结束时还是一片被冰水淹没的汪洋，后来冰川向北退去，留下最低洼的谷地就形成了波罗的海，水质本来就较好；其次波罗的海为海区闭塞，与外海的通道又浅又窄，盐度高的海水不易进入；加之波罗的海纬度较高，气温低，蒸发微弱；这里又受西风带的影响，气候湿润，雨水较多，四周有大小 250 条河流注入，年平均河川径流量为437立方千米，使波罗的海的淡水集水面积约为其本身集水面积的四倍。因此波罗的海的海水就很淡了，海水含盐度只有 7‰ ~8‰，大大低于全世界海水平均含盐度 35‰。

波罗的海的海水含盐度自出口处向海内逐渐减少，大贝尔特海峡和小贝尔特海峡海水含盐度为 15‰，西部为 8‰ ~ 11‰，默恩岛以东降至 8‰，中部为 6‰ ~ 8‰，芬兰湾为 3‰ ~6‰（靠近内陆处仅为 2‰），波的尼亚湾一般为

波罗的海美景

4‰～5‰（最北部为2‰）。深层和近底层的盐度，西部为16‰，中部为12‰～13‰，北部为10‰左右。当流入的大西洋海水增加时，西部的盐度可增加到20‰。波罗的海深层海水盐度较高，是由于含盐度较高的北海海水流入所致。

最大的内海

地中海是世界上最大的内海。它东西长约3800千米，南北最宽处为1800千米，总面积250万平方千米左右，以亚平宁半岛、西西里岛和突尼斯之间突尼斯海峡为界，分东、西两部分。其平均深度为1450米，最深处达5092米。地中海是世界上最古老的海，历史比大西洋还要古老。

美丽的地中海

你知道吗

地中海名称的由来

最早犹太人和古希腊人将地中海简称之为“海”或“大海”。因古代人们仅知此海位于三大洲之间，故称之为“地中海”。全名意为“陆地中间之海”，该名称始见于公元3世纪的古籍。公元7世纪时，西班牙作家伊西尔首次将地中海作为地理名称。

地中海是世界上最古老的海之一，而大西洋却是年轻的海洋。地中海处在欧亚板块和非洲板块交界处，是世界是强地震带之一。地中海地区有维苏威火山、埃特纳火山。

由于地中海是一个最大的陆间海，冬暖多雨，夏热干燥，海水温度较高，蒸发作用非常旺盛，使海水含盐度高达39‰左右。

地中海的沿岸夏季炎热干燥，冬季温暖湿润，被称作地中海性气候。植被，叶质坚硬，叶面有蜡质，根系深，有适应夏季干热气候的耐旱特征，属亚热带常绿硬叶林。这里光热充足，是欧洲主要的亚热带水果产区，盛产柑橘、无花果和葡萄等，还有木本油料作物油橄榄。

水温最低的海

水温最低的海是罗斯海、威德尔海，为南极洲边缘海，终年结冰，水温 -2 ～ 0℃。

罗斯海海水较浅，在阿德尔角同科尔贝克角，即西经 158°到东经 170° 之间。西部以多山的高海岸为界，南部为冰障。一般水深为 500~1000 米，表面水温为 -2℃ ～ 0℃。盛行东南风，沿岸流自东向西。全年覆有冰层，多冰山，是南极地区浮冰较少、最容易接近的边缘海之一，为探险船舶进入南极大陆的传统航路。罗斯海深度在 300 米以内的最低水温为 -2.1℃，表层水温平均为 -1.8℃。海水富含养料，浮游生物极其丰富，为鱼类、海豹、鲸和鸟类提供丰富食料。有大量阿黛利企鹅和帝企鹅群栖息在罗斯海周围地区。

威德尔海是大西洋最南端的属海，深入南极大陆海岸，形成凹入的大海湾。海域经常被厚冰覆盖，南极的夏天，在威德尔海北部，经常有大片大片的流冰群。这些流冰群像一座白色的城墙，首尾相接，连成一片，有时中间还漂浮着几座冰山。有的冰山高一两百米，方圆二三百平方千米，就像一个大冰原。船只在流冰群的缝隙中航行，异常危险。

第二节　各具特色的海洋之最

最大的海底山系

最大的海底山系是大西洋海岭，北起冰岛，南到南纬 55° 附近，呈“S”形。南北总长 1.5 万千米，宽 370~1500 千米，一般高出洋底 3000~3500 米。海岭以上水深，在北半球 3000~3500 米；在南半球为 2000~2500 米。海岭最高峰就是露出水面的亚速尔群岛等。海岭两侧分布有海盆。太平洋中部也有一条南北延伸长达 1 万余千米的海岭，它的西边，又是一片分散的海底山脉，少数山峰露出海面，著名的夏威夷群岛就是其中之一。

火山岛风光

海山在世界大洋底部星罗棋布，以太平洋底部最多。高 1000~2000 米的小海山数量最多，相对高度更大的海山数量较少，高逾 5500 米的海山屈指可数。海山常呈圆锥形，多属火山成因。海山突露水面，便成为火山岛。

海岭是海底分裂产生新地壳的地带，是板块生长扩张的边界。如亚欧板块与美洲板块之间有大西洋海岭相隔；非洲和印度洋板块之间为印度洋海岭。海岭是板块的分离边界，又叫生长边界。海岭是受引张力的区域，热流量高。

最大的洋流

在浩瀚的海洋上，奔腾着许多巨大的洋流，它们在风和其他动力的推动下，循着一定的路线周而复始地运动着，其规模比起陆地上的巨江大川还要大出成千上万倍。而所有的洋流中，有一条规模十分巨大，堪称洋流中的“巨人”，这就是著名的墨西哥湾暖流，简称为“湾流”。

你知道吗

什么是洋流

洋流是地球表面热环境的主要调节者。洋流可以分为暖流和寒流。若洋流的水温比到达海区的水温高，则称为暖流；若洋流的水温比到达海区的水温低，则称为寒流。一般由低纬度流向高纬度的洋流为暖流，由高纬度流向低纬度的洋流为寒流。海轮顺洋流航行可以节约燃料，加快速度。暖寒流相遇，往往形成海雾，对海上航行不利。此外，洋流从北极地区携带冰山南下，给海上航运造成较大威胁。

墨西哥湾地处热带和亚热带气候区，地形封闭，几乎同外界隔绝。水温和盐度较高，夏季水温高达29℃，近海岸水温达37℃；冬季为18~24℃，盐度为3.65%。汇集到墨西哥湾的南北赤道暖流，绕海湾兜了一个大圈，形成墨西哥湾暖流。墨西哥湾暖流从佛罗里达海峡流入大西洋，先沿着北美洲东海岸向北流到纽芬兰岛附近，然后折向东横过大西洋到达欧洲西海岸。至此，洋流分成两支，向北的北大西洋暖流一直远伸到北冰洋的巴伦支海；向南的一支叫加那利寒流，最终又回到了赤道附近。

墨西哥湾暖流的规模十分巨大，它宽100多千米，深700多米，总流量每秒7400万 ~ 9300万立方米，比世界第二大洋流——北太平洋上的黑潮要大将近1倍，比陆地上所有河流的总量则要超出80倍。若与我国的河流相比，它大约相当于长江流量的2600倍，或黄河的5.7万倍。墨西哥湾暖流流动速度最快时为每小时9.5千米，200米深处流动

墨西哥湾暖流规模巨大

速度约每小时4000米。湾流水温很高，特别是冬季，比周围的海水高出8℃。刚出海湾时，水温高达27℃～28℃，它散发的热量相当于北大西洋所获得的太阳光热的1/5。它像一条巨大的、永不停息的“暖水管”，携带着巨大的热量，温暖了所有经过地区的空气，并在西风的吹送下，将热量传送到西欧和北欧沿海地区，使那里成为暖湿的海洋性气候。

最大的冰山

世界上绝大多数冰山，在它们与冰川或冰架脱离后，都静静地漂浮在格陵兰岛、北大西洋和南极附近的海域中。因为冰的密度与海水密度相差不多(前者是920千克/立方米，后者为1025千克/立方米)，通常来说，人们所能见到的海面之上的冰山，只不过占冰山总质量的1/10。

“B-15A”的冰山航拍图

冰山B-15是在2000年3月的时候与南极的罗斯冰架分离的，曾经是世界最大的冰山。发生解体崩裂后，在冰山原来的位置上出现了3座新的冰山。B-15的断裂造成严重的后果：海洋突然被冰山封锁，大量企鹅因此丧生。2003年11月，面积为11655平方千米的B-15冰山一分为二，随后又再次分裂。

代号为“B-15A”的冰山，是目前世界上最大的冰山。它长115千米，面积为2500平方千米，大约相当于一个卢森堡的面积。科学家曾预测，如果B-15A全部融化，它提供的淡水足以供给英国60年，或让尼罗河奔腾不息80年。

虽然B-15A冰山是目前最大的冰山，但它却只是B-15冰山的“大儿子”。继承了B-15绝大部分的B-15A从此成为世界上最大的冰山。

最深的海沟

马里亚纳海沟是世界最深的海沟，它位于菲律宾东北、马里亚纳群岛附近的太平洋底。其最大深度达 11034 米。如果把世界最高的珠穆朗玛峰放在沟底，峰顶将不能露出水面。

马里亚纳海沟位于北太平洋西部马里亚纳群岛以东，为一条洋底弧形洼地，延伸 2550 千米，平均宽 69 千米。其主海沟底部有较小陡壁谷地——查林杰海渊。1960 年，美国海军用法国制造的“的里亚斯特”号探海艇，创造了潜入海沟 10911 米的纪录。

1992 年，日本海洋科技中心耗资 5000 万美元研制出“海沟”号水下机器人。“海沟”号长 3 米，重 5.4 吨，它是缆控式水下机器人，装备有复杂的摄像机、声呐和一对采集海底样品的机械手。它的研制目标很明确：就是要考察查林杰海渊。

经过数次失败，1995 年 3 月 24 日，“海沟”号机器人被 1.2 万米长的一根缆绳缓缓放向海底，母船操作室内的 17 个监视器显示出潜水器发回的图像资料。经过 3.5 个小时的“行进”，“海沟”号到达查林杰海渊底部，这时测深表显示的水深值是 10903.3 米，修正水深为 10911.4 米。修正水深是根据水压测定的值，通过含盐量、水温资料修正后的深度。

此后，“海沟”号还进行了试样采集及拍摄等考察活动。人们从它传回的图像中看到：茶色的海底泥土上，有一些白色的像海参一样的生物在蠕动，旁边还游动着数条小鱼。而在此前，确认有鱼的最深水深是 8370 米。

最长的海沟

海沟的深度一般大于 6000 米。海沟的长度不一，从 500 千米到 4500 千米不等。

世界最长的海沟是印度洋的爪哇海沟，长达 4500 千米。有些人把秘鲁海沟、智利海沟合称为秘鲁—智利海沟，其长度达 5900 多千米。据调查，这两条海沟虽然靠近，几乎首尾相接，但中间有断开。海沟的宽度在 40 千米至 120 千米之间。全球最宽的海沟是太平洋西北部的千岛海沟，其平均宽度约 120 千米，最宽处大大超过这个数。

最长的海沟——爪哇海沟

最富有的海湾——波斯湾

海沟的剖面形状像是一个英文字母“V”字，但两边不对称，靠大洋的一侧比较平缓，靠大陆的一侧比较陡峭。沟底是大陆与大洋两种地壳的结合部，两者在这里相互碰撞，相互作用。因大洋地壳的密度大、位置低，又背负着既厚又重的海水，作用的结果是顺势向大陆地壳下俯冲，同时使陆壳抬升弯曲成岛。这就是海沟为什么多半与岛弧伴生的原因。岛弧在大洋地壳的推力作用下不断升高，因此靠陆一侧的沟坡也必然变得陡峭，形成了现在的面貌。

最富有的海湾

波斯湾位于印度洋北部阿拉伯海西北，在伊朗高原和阿拉伯半岛之间，形似月牙状，长约990千米，宽56~338千米，面积24万平方千米。东北侧水深一般浅于70米，西南侧一般浅于20米，东南端最深处110米，大型轮船和军舰均可通航。沿岸有伊朗、伊拉克、科威特、沙特阿拉伯、巴林、卡塔尔、阿拉伯联合酋长国和阿曼8个国家。

你知道吗

波斯湾的历史文化

早在公元前20世纪，波斯湾就是巴比伦人的海上贸易通道。此后，相继为亚述人、波斯人、阿拉伯人、土耳其人所控制。自1506年起葡萄牙殖民者侵占海湾达一个世纪。1622年，英国与波斯攻占格什姆岛和霍尔木兹岛。1625年，荷兰进入海湾，继而英国与荷兰在此争夺，从19世纪始英国逐步控制海湾。第一次世界大战中，英军在此设立军事基地，与在伊拉克的土耳其军队抗衡。第二次世界大战中，海湾是同盟国向苏联提供军用物资的运输线。战后，随着石油的开发，海湾也成了世界强国的觊觎之地。

波斯湾地处亚热带，气候干燥炎热，高温少雨，沿岸多沙漠。湾内自然资源丰富，沿岸国家盛产石油，是世界上最大的石油供应基地，素有“世界石油宝库”之称。已探明石油储量为 879.8 亿吨，约占世界石油总量的 65%。石油产量约占世界总产量的 1/3。海湾国家出产的石油大部分出口，出口量约占世界出口量的 40%以上。沿岸国家的石油收入占财政收入的 85%以上。从波斯湾通过印度洋绕道好望角的运输线称为“西方的生命线”，必经的霍尔木兹海峡被称作“石油的总阀门”。1990 年在该地区发生的海湾战争，实质上就是美国为保护其利益而进行的一场石油争夺战。

最宽最深的海峡

连接太平洋和大西洋的德雷克海峡，是世界上最宽的海峡。它位于南美洲南端与南极洲的南设得兰群岛之间，东西长约 300 千米，南北宽达 970 千米。

德雷克海峡

德雷克海峡不仅是世界上最宽的海峡，也是世界上最深的海峡。它的最大深度达到 5248 米。

德雷克海峡位于南美洲最南端和南极洲南设得兰群岛之间，紧邻智利和阿根廷两国，是大西洋和太平洋在南部相互沟通的重要海峡，也是南美洲和南极洲分界的地方。

德雷克海峡以其狂涛巨浪闻名于世——由于太平洋、大西洋在这里交汇，加之处于南半球高纬度，因此，风暴成为德雷克海峡的主宰。海峡内似乎聚集了太平洋和大西洋的所有飓风狂浪，一年 365 天，风力都在 8 级以上。

德雷克海峡是世界各地到南极洲的重要通道。由于受极地旋风的影响，海峡中常常有狂风巨浪，有时浪高可达一二十米。从南极滑落下来的冰山，也常常漂浮在海峡中，这给航行带来了困难。

最大的海湾

世界上面积最大的海湾是孟加拉湾。它属于印度洋的一个海湾，是太平洋和印度洋之间的重要通道。其水温为 25℃ ~ 27℃，盐度为 30‰ ~34‰。西嵌斯里兰卡（锡兰），北临印度，东以缅甸和安达曼—尼科巴海脊为界，南面以斯里兰卡南端之栋德拉高角与苏门答腊西北端之乌累卢埃角的连线约为1609千米。安达曼—尼科巴海脊露出海面的部分，北有安达曼群岛，南为尼科巴群岛，把孟加拉湾与东部的安达曼海分开。

孟加拉湾的湾顶有恒河和布拉马普特拉河巨型三角洲。流入该湾的其他河流有印度的默哈纳迪河，哥达瓦里河和克里希纳河。沿岸有多种喜温生物，如恒河口的红树林、斯里兰卡沿海浅滩的珍珠贝等。孟加拉湾总面积为217.2万平方千米，总容积为561.6万立方千米，平均水深为2586米。孟加拉湾绝对是现今世界上第一大海湾。

最年轻的海峡

世界上最年轻的海峡是利姆海峡，为丹麦的峡湾，呈西南—东北向，位于北欧日德兰半岛的北部，把北部地区同丹麦大陆分开，原是北海和卡特加特海的两个峡湾，形成仅100多年历史的海峡。其长180千米。水道有许多不规则形的分岔，中段形成宽24千米的湖泊，最深处原仅15米，后为航行方便，已加浚深。西部原有许多淡水湖，湖水东流注入卡特加特海峡。因与北海相通，形成咸水和淡水动植物区系的特殊结合。

中世纪时，利姆海峡西部出口淤塞，水从东端流入卡特加特海峡。1875年开凿曲博伦运河，使西部出口保持畅通。该海峡不但有航运之利，也以出产牡蛎和贻贝闻名，而周围地区的灰末和黏土可制造很轻的建筑用砖。最大的岛屿是莫斯岛，主要港口是奥尔堡、勒格斯特、齐斯泰兹等。

第三章
多“景”的海洋

海洋，对于每一个人来说其印象各不相同：或是蔚蓝无际光彩照人，或是鱼虾成群生机勃勃，或是潮起潮落无风三尺浪，或是惊涛拍岸卷起千堆雪……海洋就是这样千姿百态。总之，这片生命勃发的乐园——海洋就像一位美丽的姑娘，时而温婉艳丽，时而咆哮喧腾，让我们看不清她的面貌，把握不住她的禀性。接下来，我们一起领略她无与伦比的风姿。

第一节　奇特的海洋风貌

平坦富饶：大陆架

大陆架为大陆边缘在海面以下的延续部分，是指从低潮线以下至大陆斜坡以上、最接近陆地的海底部分。1953 年，国际海洋委员会给大陆架下的定义是：大陆架是环绕大陆的、从低潮水位到海底坡度开始急剧增大处之间的海底区域。大陆架海底的特点是：海底坡度比较平缓，平均坡度只有 0.1°，即平均每千米仅下降 1 ~ 1.5 米。大陆架水域的水深范围一般都在 0~200 米，边缘处的平均水深约 130 米，虽然在极个别海域大陆架边缘的水深有可能更深，但很少超过 600 米。大陆架的平均宽度为 75 千米，但由于沿岸地形的不同，在不同海域其宽度变化也比较大。例如，在俄罗斯西伯利亚地区的北冰洋沿岸，大陆架的最大宽度可超过 1400 千米，而在南美洲太平洋沿岸的部分断层地带，大陆架窄到几乎不存在的程度。全球大陆架的总面积约 2710 万平方千米，占海底总面积的 7.5%，其面积大约与世界第二大洲——非洲的面积相当。

大陆架

你知道吗

大陆架主权始于何时

世界各国主张对大陆架行使主权权利，是第二次世界大战后国际法的新发展。这一发展使“大陆架”一词不仅具有地理学上的意义，而且也具有法律上的意义，而法律上的大陆架概念在不断变化，日益和地理学上的大陆架概念不同。首先对大陆架提出管辖权主张的是美国。1945 年，美国总统杜鲁门第 2668 号总统公告宣称：“处于公海下面但毗连美国海岸的大陆架的底土和海床的自然资源属于美国，受美国的管辖和控制。”随后不少国家发表了类似的关于大陆架的声明。

在地球的冰河时期，海平面比现在低 120 ~ 150 米，如今的大陆架应该是当时的大陆边缘。大陆架地貌的形成，部分是由于浪蚀作用的结果，部分则是由于沉积岩沉积作用的结果。

大陆架是当前世界各国渔业捕捞和海底石油开采等最活跃的海域。目前世界上的主要渔场都分布在大陆架水域，海底石油和天然气开采也多集中在该水域，因而大陆架水域对沿海各国的经济和人民生活都是至关重要的，其边界也常成为相邻国家领土纠纷的焦点问题。

海底巨龙：洋中脊

脊梁是人体的重要支柱，其实海洋也有脊梁，海洋的脊梁就是洋中脊。洋中脊又叫大洋中脊、中隆或中央海岭。它隆起于洋底中部，并贯穿整个世界的大洋，从北冰洋开始，穿过大西洋，经印度洋，进入太平洋，总长度约 8 万千米，总面积约占海底面积的 33%，同地球上全部陆地的面积相差无几。

大洋中脊

大家都知道，地球上最高的山峰是珠穆朗玛峰，但你知道地球上规模最大的山脉位于哪里吗？它没有在陆地上，而是深藏在大海里，它就是洋中脊。它是火山作用形成的山脉。洋中脊存在于所有大洋盆地中，并且几乎把大西洋、印度洋各分为两个部分。它露出洋面以上的部分形成了岛屿，如大西洋中的

海底裂谷

冰岛、亚速尔群岛、阿森松岛。虽然洋中脊的中央高起地带是比较狭窄的，但是整个洋脊却有数百千米宽，如大西洋中脊，占据了大西洋洋盆面积的 1/3 以上。

虽然整个地球上的洋中脊都是连续的，但由于在洋中脊延伸的漫长距离上，存在着许多平移断层，因此整个洋中脊有多处被错断开。此外，沿着洋脊的伸延方向存在着狭长的中央裂谷，裂谷是由它两侧的高角度断层形成的地堑。

关于洋中脊的形成，板块构造学说认为，洋中脊是地幔对流上升形成的，是板块分离的部位，也是新地壳开始生长的地方。洋中脊顶部的地壳热量相当大，是地热的排泄口，并有火山活动，地震活动也很频繁。

洋中脊在地形上由一系列大致平行的峰脊和线状谷地组成，中央是一条线状地堑，称轴部裂谷，内部被新鲜的枕状玄武岩覆盖。人们从海底的取样表明，洋中脊均由玄武岩组成，并具有与洋盆大致相同的地壳结构，但洋壳的厚度更薄。

当然，洋中脊也有它自己的特点，细细数来，它的特点还不少呢！第一，洋中脊由非常年轻的玄武岩组成，这里不仅热流很高、地壳很厚，而且地震频发。现在已经证明，离开洋中脊向大陆方向，大洋盆地地壳的年龄越来越老。这一点支持了大多数地质学家的观点，即洋脊系统是大陆漂移和海底扩张过程中扩展的中心。第二，洋中脊上的沉积物主要是深海钙质软泥。第三，在洋中脊的较低部位，是黏土沉积，而黏土沉积的速度每 1000 年还不到 1 厘米。在洋脊非常陡峻的地区，所沉积的这些颗粒很细的软泥和黏土可能会沿着斜坡向下运动，并堆积在较低的部位。

洋中脊就是海洋的脊梁，它就

洋中脊由年轻的玄武岩组成

像一条巨龙盘踞在海洋底部，它不仅将两大洋分为两部分，而且还见证了海底的变迁。

海洋最深处：海沟

海底的深沟，是由坚硬的岩石组成,海底上盖着薄薄的一层泥沙。沟底的软泥，有的来自繁殖于海面上微小生物的遗体，它们从海面沉到海底。另外，沟坡上的泥沙偶尔也会崩落到沟底。海沟的上部比较开阔，越往下，渐渐缩窄。

世界上海洋的平均深度不到4000米，而全球19条海沟的水深却都在7000米以上。在海底的深渊里，终年暗无天日。这里见不到海面上的浪涛，也听不见人世间的喧嚣。

1960年1月23日，太平洋西缘马里亚纳海沟的洋面上，惊涛奔涌，狂风怒号。有两位勇敢的科学家乘坐美国“的里雅斯特”号深潜艇，直向地球的深渊潜落下去。两个多小时后，他们终于第一次到达海底的最深处。水压计指示这里的水深是1.1万米。这时，潜艇承受了大约15万吨的压力。虽然潜艇的壳体由一种强度特高的合金钢制成，它的直径仍然被压缩了1.5毫米。海沟之所以这样深，就是因为海底

马里亚纳海沟的洋面

在这儿向下弯曲，沉潜到相邻大陆或群岛之下的缘故。

你知道吗

海沟的分布

海沟分布在活动大陆边缘，主要见于环太平洋地区。在太平洋西部，海沟与岛弧平行排列；在太平洋东缘，海沟与陆缘火山弧相伴随。大西洋和印度洋也有少数海沟。环太平洋的地震带也都位于海沟附近。地球上最深、最知名的海沟是马里亚纳海沟，它位于西太平洋马里亚纳群岛东南侧，深度大约11034米。1951年，英国“挑战者”Ⅱ号在太平洋关岛附近发现了它。

在海沟附近，大陆地块骑跨在海底地块之上，陆块向上仰冲，被高高地抬起来；海沟则向下俯冲，深深地陷落。

全球80%的地震都集中在太平

洋周围的海沟以及它附近的大陆和群岛区，这些地震每年释放出的能量，足以举起整个喜马拉雅山，或者说，可以与爆炸10万颗原子弹相比拟。并且，陆地上的大多数火山也集中在环绕太平洋的周围地带，所以这一带有“火环”之称。

1923年9月1日下午，邻近日本海沟的东京、横滨一带，大地突然颤抖起来了，在几秒钟以内房屋纷纷倒塌。当时多数人家正在做午餐，火炉翻倒，许多地方燃起了熊熊大火，居民们挣扎着逃出屋外。每个人都在惊慌失措地奔逃，可是，谁也不知道要跑到哪里去，许多人漫无目的地乱兜圈子，歇斯底里的人群争先恐后，一片混乱，街道上越来越拥挤不堪。终于，有人省悟过来了——要尽快逃离这坍塌和燃烧着的闹市区。在这场著名的关东大地震以及它导致的大火中，大约55亿日元的财产毁于一旦，伤亡人数达24万。

太平洋周围火山地震特别多，地质学家对此早有所知。可是，其缘故过去一直说不太清楚，现在总算真相大白了。太平洋周缘火山、地震的肇事者，就是海底地壳沿着海沟的俯冲作用。地球物理学家还算出了各条海沟的海底俯冲速度，它们大多为每年7～8厘米。

太平洋周缘的海沟好似一张吞

太平洋周缘的火山

吃海底的大口。当一块大陆向前漂移时，难免要盖没前方的海底，这部分海底正是通过海沟这张大口俯冲潜没于相邻大陆之下，所以在一块漂移着的大陆前缘，一般都展布着一列列的海沟。

海洋史书：海洋沉积物

海洋沉积物是各种海洋沉积作用所形成的海底沉积物的总称。海洋沉积物的来源主要包括：（1）陆源沉积物，主要是陆地岩石风化剥蚀的产物，如砾石、砂、粉砂和黏土等，是典型的陆源沉积物；（2）海洋组分，主要是从海水中由生物作用和化学作用形成的各种沉积物，如海洋生物的遗体，海绿石、磷酸盐、二氧化锰等自生矿物等；（3）火山作用形成的火山碎屑，大洋裂谷等处溢出的来自地幔的物质，以及来自宇宙的宇宙尘埃等。

海洋沉积物根据其来源及分布等特征，可分为陆源沉积物和远洋沉积物两种。陆源沉积物是指毗邻大陆的海盆边缘附近来自陆地的沉积物，包括陆源泥、滑坡沉积物、浊流沉积物和冰川沉积物；远洋沉积物是指分布在远离陆地的深海底部的沉积物，包括生物源沉积物、无机沉积物、自生沉积物和火山沉积物。海洋沉积物是海洋地质历史的良好记录，研究海底沉积物的类型、组成、分布规律、形成过程和它的发育历史，对认识海洋的形成和演变具有重要意义。

海洋火山沉积物

移动的山丘：海洋冰川

海洋冰山是高于海面5米以上，漂浮在深海中或搁浅在浅海及岸滩上的巨大冰块。冰山的高度可达几十米甚至上百米，长度通常在几百米到几十千米，最长的可达数百千米。冰山是极地陆架冰或大陆冰川上的来客，它们滑裂到海洋中后，藏尾露头地把大部分身躯隐伏在水面以下，仅仅露出总体部分的1/7~1/5，在风和海流的推动下，幽灵似的在海洋中悠悠荡荡。

在南、北极的海面上，飘浮着许多大大小小的冰山。它们的形状各式各样，有的像课桌或办公桌，称为桌状冰山；有的像金字塔，称为尖顶冰山；有的就是长方形的庞然大物，称为冰岛。据考察，已发现的最大的一座冰山，面积超过3万多平方千米，与我国的台湾岛面积相差无几。北冰洋长年存在的冰山约有4万座。南半球的冰山比北半球还要多，体积也更大。南极大陆周围海面经常游动着的冰山多达22万座。南大洋的冰山主要源于罗斯海、威德尔海和南极大陆沿岸的陆缘冰架。这里的冰山外形较为平坦，以桌面冰山居多，冰色洁白，体积巨大，冰山长度通常在8000米左右，高约30米。冰山的寿命还很长，大的能存在10年左右。又因为南、北极终年冰天雪地，所以制造冰山的原料是不缺乏的。在南、北极陆地上，有许多冰层很厚的大冰川。这些冰川也会像江水一样，向海里流去。慢的，一昼夜跑1米左右；快的，能流动20多米。海里总是能经常补充新的冰山，因此在南、北极海面上，冰山是不会绝迹的。

你知道吗

美丽的瓦特纳冰川

瓦特纳冰川在冰岛东南部，排名世界第三，是欧洲最大的冰川。冰川面积约8400平方千米，相当于该国面积的1/12，仅次于南极冰川和格陵兰冰川。冰川海拔约1500米，冰层平均厚度超过900米，部分冰层的厚度超过了1000米。瓦特纳冰川是冰岛最大的冰冠，令人感到奇特的是在冰中分布着熔岩流、火山口和热湖。所以，人们通常称冰岛为“冰与火之地”。

海洋冰山虽然看似漂浮的白帆，美丽娴静，但却给海上航运带来极大的威胁。20世纪60年代以来，科学家开始利用卫星遥感技术，及时、同步地监视全球海洋和冰山的形成、漂移、解体及融化状况，为海洋冰山的观测和预报开辟了新的途径。

第二节　叹为观止的海上建筑

话说海底隧道

80 年前，要想横渡海峡必须靠渡船、桥梁和海堤。然而，这些交通手段易受天气的制约；建筑物往往会破坏生态环境，战争时又最易受到攻击。海底隧道就没有这些缺点，不占地、不碍航、不破坏生态环境，是一种最安全的全天候通道。目前全世界已建成和计划建设的海底隧道有 20 多条，主要分布在美国、日本、西欧、中国香港等地区。海底隧道多数是铁路交通的组成部分，部分还是城市地铁和汽车的通道。切萨皮克湾隧道位于美国大西洋沿岸的切萨皮克湾，这里是美国东岸海军基地，是首都华盛顿和巴尔的摩的出海口，从湾口南岸的诺福克到北岸的基普托皮克乘轮渡要花 2 小时。1964 年建成海底隧道、大桥、人工岛综合工程，全长 28.4 千米，驱车 23 分钟可到对岸。为了让大船畅行无阻，海面留出两个毫无阻拦的大缺口，分别宽 518 米、762 米。隧道就造在缺口的海床底下，汽车到了这里，倏然从大桥沿人工岛坡道钻入海底。隧道直径 10.4 米，分别长 1754 米、1524 米，供汽车对开。它不是从地下凿进，而是在海底开挖深沟，将预制钢筒徐徐下沉

英法海底隧道

定位的，最低点在海面之下 28.3 米。1927 年—1957 年，美国纽约的曼哈顿岛(中心市区)和长岛、新泽西州之间，开挖了 5 条海底隧道，通行汽车，其中布鲁克林隧道最长(2.78 千米)，林肯 1、2、3 号隧道均长 2 千多米。

世界上曾经最大的港口鹿特丹(位于荷兰)，被马斯河隔为南北两部分，已在河底凿隧道 3 条，一条通地铁，两条通汽车，既解决了市区交通问题，又使海轮畅通无阻。因海潮可上溯到鹿特丹市区，这些隧道也被视为海底隧道。

波罗的海通过丹麦、瑞典、挪威之间的6个海峡而与大西洋相连。其中最重要的是丹麦、瑞典之间的厄勒海峡，宽仅 3.4 千米。丹麦和瑞典两国已于 1995 年凿通隧道，使丹麦到瑞典(赫尔辛格—赫尔辛堡)的火车、汽车不用再冒风险过轮渡，可从海底隧道直通而过。瑞典首都斯德哥尔摩地铁长 112.6 千米，联结市区 14 个小岛，其中 20 多千米筑于海底。

博斯普鲁斯海峡是黑海的出海口，是欧洲和亚洲的分界线，土耳其最大城市伊斯坦布尔地跨海峡两岸。目前有两座海峡大桥连接两岸，日通过汽车约 20 万辆。为了一劳永逸地解决欧亚间的交通问题，有关国家正打算开凿一条海峡隧道。这条隧道全长 9 千米，其中 2 千米在海底，是城市地铁系统的一部分。

将意大利大陆和西西里岛隔开的墨西拿海峡，最狭处为 3.5 千米，目前靠轮渡运送火车、汽车。近年提出筑桥和造隧道方案，其中隧道为“浮动式”的，将预制好的直径 10.5 米的钢筋水泥管道敷于水下 40 米处，用特制钢架紧固于海床上，以对付地震频繁、岩层破碎、难以开凿隧道等困难。

港九隧道，是中国领土上的第一条海底隧道。香港岛与九龙半岛隔着 1.6 ~ 9.6 千米宽的维多利亚港(海峡)，1972 年在此建成第一条海底隧道。这条隧道连接香港湾仔和九龙尖沙咀，全长 2650 米，管道直径 7 米；双管并列，一通地铁，一通汽车，汽车 2 分钟即可穿过海底，每日可通过车辆 12 万辆。它采用先进的沉管方法，先在海床挖好坑道，然后将预制好的巨管准确定位于坑里，节节推进。

香港海底隧道

香港湾仔海底隧道通车后，海峡交通仍未根本缓阳，海面渡轮依然如织，等过隧道的汽车照样排成长龙，迫使有关当局1986年再建第二条隧道。这条隧道铺筑在维多利亚港东部，也是双管：一管铺4车道公路线，一管铺双轨地铁线。1989年建成港九东线隧道，1997年4月建成港九西线隧道。新建的三条海底隧道使回归祖国后日益繁荣的香港特别行政区交通无阻。

21世纪初的海上娱乐场

建立大型海上娱乐场，是日本运输省进行的利用海洋空间的工程之一。在离陆地几千米的海上，可建造人工岛，岛上能建码头、企业、居民点、休养所等。在人工岛周围，可与陆地之间创造一个平静海域，或在人工岛上设置一个由波浪控制装置所营造的平静海域。海上娱乐场就建在这海域上。近年来，随着经济发展、生产力不断提高及人们空余时间的增加，人们对空闲时间的价值观也在变化。人们对这种能充分利用海洋资源、海洋空间的海上娱乐场也越来越感兴趣，因为它使人有一种回归自然的感受，使人能够借助技术与自然相处得更加和谐。波高、风速、气温、水温等各种因素，对海上娱乐活动影响很大。体育性的各种活动，如游泳、潜水、游艇活动等，一般要求在波高1米以下、流速2.5米/秒以下、风速10米/秒以下、气温和水温20℃以上的海域进行。而海水浴、海滩游戏、散步、拉网活动，则要求在波高0.5米以下、流速0.5米/秒以下、气温和水温30℃以上的海域内进行。但新一代的海洋性娱乐，最好在平静海域进行，以使安全性增大，活动时间延长，甚至夜间也可通行。这样，活动者的年龄层次也能扩大，老年人也可以参加。新的海上娱乐活动能充分利用海洋特殊的魅力，巧妙地应用海洋的波浪、流动、水压、海水浓度等特性。虽然目前从技术和成本方面看，未必马上就能实现，但不久的将来完全有把握予以实现。从目前的研制进程看，大致有如下一些项目：

一是透明密闭座舱。它是一种

海上公园

耐用性透明球体座舱，人一进入里面就不会被水弄湿。它能随波翻滚、随波漂流，人在里面能享受随波逐流之趣。无风浪时，球体中的人也可自行动作，使座舱在水中自由活动。

二是漂浮气垫。它是一种装有小型马达的气垫。使用时，先让它以低速向人工岛前进，然后让它在海面上漂浮。人在上面能很快消除疲劳，从而体验到一种悠闲、舒适的感觉。

三是漂浮步行通道。它设置在海面上，能随波上下浮动。人在上面走犹如在摇晃的吊桥上行走一样，别有一番情趣。由于是在平静海域，因此浮动幅度不大，很安全。通道有的部分淹没在水中，又让人有水上散步的感觉。

四是音响护岸和沉箱。把波浪撞击护岸和沉箱的声音放大，并改变成优美的能拨动人心弦的波浪之声，使人听后，工作的疲劳感和紧张感一扫而光，心情异常舒畅。

五是海中浮动通道。利用海底合适的地形来设置，把跨越海沟的吊桥与珊瑚群、海藻群有机地结合起来，形成宽广的步行长廊。人们带着水中呼吸器在此处活动，极有情趣。

六是海中养殖园。在水中建立鱼类、贝类、海藻类培育场地，还可建立能自由捕捉鱼类、贝类的渔猎场，以增加活动乐趣。

海上田园

七是海滨剧场(水上剧场)。利用海滨夜色建立开放型电影院、剧院。从沙滩上眺望海上银幕，影片在夜雾蒙纱似的银幕上放映，使人有一种梦幻似的感受。此外，在海上也可建造电影院，让观众边在海上纳凉，边看电影。

八是旋转型船码头。由于船码头可以旋转，船从码头出发就能受到有理想风向的风的推动，使人情趣大增。

建造海上娱乐场的地区无特别要求。太平洋沿岸温带地区的海岸，都可以建造。它可以全年开放，每年可接纳游人200万左右。考虑到社会的高龄化，老人也是它接纳的对象。这种海上娱乐活动时间通常为几天到一周。

千姿百态的海上人工岛

人工岛是人类出于各种目的，在海上建成的陆地化工作和生活空间，是人们利用海洋空间资源的一种形式。它的主要功能有：①工业生产用地，如在海上建造能源基地、海洋油气田开采平台；②交通运输场所，如建造海上机场、港口、桥梁、隧道等；③储藏场地，如建造海上石油储备基地、危险品仓库等；④娱乐场所，如建造临海公园、绿地、游艇基地、垂钓场、人工海滨等；⑤废弃物处理场，工业垃圾可用来填海造地；⑥农业用地；⑦综合利用，如建造海上城市，为人们提供拥有大海、阳光和洁净空气的生活空间。

人工岛可分为拓地型和充填型等多种形式，其建筑材料大多通过移山填海，就地取土石，但也有利用工业原材料的。施工方法有排水造地法、填筑法、浮体法、软着陆法等。有些国家通过建造人工岛而取得的陆地面积十分可观。如荷兰的人工岛面积占国土面积的20%。美国人提出在墨西哥湾和大西洋东北部、哈特腊斯角以北造数个8平方千米的人工岛，用于建设石油加工厂。英国在本国的南海岸建起了一个用橡皮外壳做构架的圆锥形人工岛，主要用于石油勘探开发。法国、荷兰和瑞典等国根据本国经济发展的需要，计划在北海南部建起面积约33平方千米的大型人工岛，供人们进行海洋综合开发。

迪拜人工岛美景

第二次世界大战后50年间，日本人所造的陆地达2011平方千米，相当于26个香港岛的面积。20世纪70年代日本将围垦的重点转移到海岸以外的人工岛。东京都人口1200多万，面积只有2187平方千米。为了寻找新的生活空间，东京都15年中用城市垃圾填出18个人工小岛。他们还建成了一个连续跨越东京湾高速公路的人工岛，以及一项长达15千米横跨东京湾的隧道和桥梁的联合工程。

日本最著名的人工岛是神户人工岛，该岛位于离神户市以南约3千米、水深12米的海面上，建于1966年—1981年，耗资为5300亿日元。填海材料是神户市西部的两

繁荣的日本人工岛

座山，通过削平其山头，共得土石方8000万立方米。这座长方形的海上城市总面积为436万平方米，还有一座长300米的大桥，通过神户新巷将人造海上城市与神户市联成一体，岛上设备齐全，既有国际饭店、旅馆、商店、博物馆、室内游泳场、医院、学校，还有3个公园、1个休假娱乐场和6000套住宅。1972年，日本又在冲户建了第二座人工岛——六甲人工岛。该岛面积5.8平方千米，施工时亦用移山填海法，从六甲山顶挖出土石方，用高输送带把土石方输送到海边的栈桥上，然后用船转运到海上。建造该岛历时8年，共取土石方1.2亿立方米。日本人还建造了海上工厂。东京湾修建的人工岛钢铁基地，离岸7千米，周围水深10米，采取周围修建混凝土围堤，中间填土石方的办法建筑。其抗震能力为8级，岛上使用面积达510万平方米，建有7个炼铁炉、3个钢厂、2个制板厂，年产600万吨钢材。人工岛与陆地的连接是海底隧道。近年来，日本人又研制成了一种多效浮动海水淡化工厂，其额定生产能力为每天5000立方米蒸馏水，厂内设备齐全,主要优点是经济效益高、耗能低。

中国有着建造人工岛的悠久历史。中国明代嘉靖年间(1522—1567)已有建造人工岛的文字记载。1949年以来，我国沿海一些地带亦利用海滩、礁石建起了一些人工岛。长江以外用水泥堆成的鸡骨礁可谓我国第一个现代人工岛。1988年8月2日在南沙竣工的永暑礁海洋观测站也是一座在一块礁石上建起的面积达8000多平方米的人工岛。澳门国际机场亦建立在1.15平方千米的人工岛上。澳门实业家何鸿燊曾宣布，他将投资234亿美元，将澳门氹仔岛和路环岛之间的海面填平为陆地，建造一座填海700公顷的超级岛，并计划在岛上建10座酒店、1个70万平方米的多主题公园和1

中国人工岛

个66万平方米的国际贸易商城。整个建设项目定名为“中国澳门世界贸易中心”，总占地面积为170万平方米，并修建一条直达珠海的高速公路和一条铁路。

20世纪90年代以来，有的科学家开始摒弃以前采用的填海造地建岛的方法，逐步采用大的软着陆构造和浮体构造来建造人工岛，以便在沿岸、海上区域能创造出新的多功能的海洋空间。日本日建设计公司推出一项软着陆构造人工岛规划。这种人工岛采用60个单元部件组成，它们都在临海的船坞中制作，再用拖船运到现场海面上，组成一个直径2千米的圆环。部件组成的圆环内部除了有停车场、干线道路、水中餐厅、仓库外，在圆环的内侧和外侧分别设置圆筒形平衡罐，从而始终保持软着陆状态时的稳定状态。圆环可造成0.6平方千米陆地，建成总建筑面积为5平方千米的都市。这个岛结合填筑法和浮体特点进行综合施工，计划投资15000亿日元，用10年时间建成一座可居住7万人的海上城市。

你知道吗

日本“浮岛”

1996年7月18日，一个像航空母舰甲板一样的漂浮人工岛出现在日本神奈川县横须贺市夏岛町附近海面。这座目前世界上最大的人工岛长300米、宽60米、高2米，由9个四方形的钢板箱造成。人们通常称之为“浮岛”。

未来海上城市随想

当今世界，科学技术高度发达，文明进程不断加快，但人类以及人类所赖以生存的地球却面临着一系列的难题，如能源短缺；占世界一半以上的贫困国家和地区人口爆炸，导致饥饿危机加深；全球各地气候异常，自然灾害频繁；环境污染严重，人类生存条件日趋恶化，等等。这已不是危言耸听，而正成为一种严峻的现实。那么，如何才能使人类摆脱困境，寻找到一个新的更适合现代人居住的理想场所或解决方法呢？近年来，国外陆续有

海上生态蜉蝣城市模型图

人提出种种充满想象力，同时也不乏现实可行的良策，其中之一便是开发海洋，在蔚蓝色的海洋中建造海上城市。

按照美国著名的气象学家和海洋学家斯皮尔豪斯博士的设想，未来的海上城市将是高度发达、高度工业化的新型的人类活动社区，海上城市周围的海底将是大片的海底农场和海底油田。海底农场和海底油田将供给海上城市以粮食、农副产品，为城市中的工厂企业提供初级原材料，给整座城市提供必要的动力能源。未来的海上城市将拥有自己的机场、核电站，能够靠泊巨型油轮的深水码头，以及石油加工提炼厂等。海上城市将为那些虽对人类来说是必不可少，但同时又会造成严重生态污染的工业门类提供一个广阔的发展空间。为方便起见，海上城市将尽量建在离繁华的世界商业贸易大都市不远的海面上，同时又保持一定的距离，以减少空气污染、水质污染以及噪声污染等。海上城市将建设居民住宅、旅馆饭店，发展服务性行业，提供足够的娱乐性活动设施等。可以说，未来海上城市将是十分兴旺发达的。

很显然，海上城市是建造在人工海岛上的，它本身就是一个自给自足的小型社会。除此以外，通过一整套与陆地相连的管道系统，它还能将自己多余的电力、各种工农业产品输送到陆地，当然，其中也包括待处理的垃圾废物。海上城市产生的垃圾中的有机物则可以转换成附近渔场所需的养料。

目前似乎还很难明确判断斯皮尔豪斯的设想是否切实可行，或许这永远只是个设想。但近海石油的大量勘探开采，为海上城市未来的发展前景抹上了一笔亮色，大型海上钻井平台本身就可作为海上城市发展的参考对象。现在，有些发达国家或地区的巨型油轮可以不必进港，而直接在海面上从由陆地延伸来的输油管中装油；美国人正计划在新泽西州附近的海面上建造一个漂浮的核电站；夏威夷州则通过在海中珊瑚礁上修建飞机跑道而不断扩大机场的规模；得克萨斯州也正在酝酿着要在海岸线外的近海处建设一个深水码头……

第三节 崎岖亮丽的海岸

雄伟壮丽：侵蚀海岸

侵蚀海岸是第四纪冰川后期海面上升，海水淹没了沿岸山谷和河口，形成岬角、港湾相间的曲折岸线。这种海岸形态与地质构造因素有关，中国如浙江、福建曲折岸线的形成，便受到构造线的控制。在这类海岸上，因波浪折射，岬角岸段波浪能量辐聚，而港湾岸段波能相对较小，产生岬角岸段侵蚀、港湾岸段堆积的侵蚀—堆积相间的海岸地貌。在侵蚀岸段有多种多样的地貌形态：海蚀洞。面向开敞海域的山地或台地，在与海面交接的部位，受波浪侵蚀，沿着节理、断层、层理面等地质薄弱面，形成向陆内凹的浪蚀壁龛。又因水位变化，岩壁干湿交替变化，加速了岩石风化和浪蚀过程，使壁龛扩大成海蚀洞。洞穴的横断面，高度大于洞宽；纵断面上，洞深又远大于高度。海蚀洞顶一般为波浪作用的上界，其底部略低于海面。两端贯通的海蚀洞，称海拱石。海拱石塌陷，坚硬的岩石残留体称为海蚀柱、海蚀陡崖。海蚀洞不断扩大，重力作用使上部岩石崩落，形成陡崖。坠落的岩屑，一部分被沿岸流搬运，一部分被波浪卷带，

侵蚀海岸

可进一步磨蚀岩壁。

你知道吗

西班牙太阳海岸

以阳光沙滩著称的西班牙"太阳海岸"2006年接待了900多万游客，成为欧洲最受欢迎的旅游度假胜地之一。"太阳海岸"位于西班牙南部的地中海沿岸，长200多千米，被誉为世界六大完美海滩之一，也是西班牙四大旅游区之一。该海岸连接近百个中小城镇，许多原来人烟稀少的沿海村庄现在都已成为现代化旅游景点。

海蚀平台是在海蚀陡崖发育与后退的过程中，其前方的岸坡逐渐塑造成向海缓斜的岩质平台。海蚀平台多位于海平面附近，其宽度与岩性有关。在平台拓展的过程中，波浪能量消耗在对平台面的摩擦和碎屑物质的搬移上，减弱了波浪对海岸的侵蚀能力，海岸后退速度逐渐减缓，乃至稳定。在高潮位附近，也有海蚀平面分布，可能是暴风浪作用的结果或构造上升所致。海岸的侵蚀过程与岩性有密切关系。结构致密的花岗岩组成的海岸，常呈层状剥落，岩体大多呈浑圆状，如苏联白海北部的科拉半岛。由石灰岩构成的基岩海岸，经海水溶蚀，岩石表面布满沟谷，峰脊起伏，溶洞发育，以亚得里亚海北部的达尔马提亚海岸最为典型。岩性松软的海岸，抗蚀强度较差，海蚀陡崖后退较快，如印度尼西亚由火山灰组成的喀拉喀托岛。据统计，1883年—1928年海岸平均后退速度达每年46米。波浪作用使海岸变得奇丽多姿，常见幽洞曲径、嶙峋怪石，可辟为旅游胜景，如中国海南岛崖县西南海滨、大连小平岛东侧崖壁及苏格兰的斯塔法岛等地。

海蚀平台

细如皮肤：沙质堆积海岸

沙质堆积海岸是由不同粒级的松散泥沙或砾石组成，沿岸分布有海滩、沙堤、沙嘴、水下沙坝和风成沙丘等堆积地貌，往往伴有潟湖发育。海滩的演变与沿岸波浪特征、泥沙补给和水体渗透性质等因素密切相关。当激岸浪的向岸流速大于离岸流速时，海滩物质供应量大于被搬走量，海滩发育，横剖面呈凸形，常见于砾石海滩；反之，水体渗透作用较弱的海滩，离岸流速大于向岸流速，海滩横剖面呈凹形，常见于中、细沙组成的海滩。海滩物质一般上部较粗，滩坡坡度较大；下部物质较细，滩坡平缓。由于激岸浪及其冲流和回流的反复作用，使海滩沙成为分选最佳的沉积物。

沙嘴

在北美洲的大西洋海岸，欧洲的北海海岸，有一系列与岸平行，经常出露水面的海岸沙堤。被沙堤和陆地环抱的水域，称为潟湖。

你知道吗

澳大利亚黄金海岸

澳大利亚黄金海岸位于澳大利亚东部海岸中段、布里斯班以南，它由一段长约42千米、10多个连续排列的优质沙滩组成，以沙滩为金色而得名。这里气候宜人，日照充足，特别是海浪险急，适合于进行冲浪和滑水活动，是冲浪者的乐园，也是昆士兰州重点旅游度假区。这里旅游设施齐全，有各种各样的游乐场、赌场、酒吧、夜总会、海洋世界和主题公园等。

在岬角、海湾毗连的岩石岸段，常有沙嘴发育。沙嘴是沿岸漂移的沙砾组成的狭长堆积体，一端与陆地衔接，一端顺沿漂沙方向延伸入海。有的沙砾堆积体形成连岛沙洲，使岛屿与陆地或岛屿与岛屿连接起来。有些海滩上，常见到与岸平行或有一定交角的沙脊和凹槽相间的起伏地形，称脊槽型海滩，如法国的诺曼底海岸和英国的部分海岸。海岸沙丘在风力作用下，海岸上可

海湾毗连的岩石岸段

形成波状起伏的沙丘。沙丘排列方向常与风向成直角，迎风面比较平缓而坚实，背风坡比较陡峭而松散。如中国北戴河沿岸、福建长乐沿岸，法国濒临大西洋部分岸段，英国的德文郡海岸，北海的部分海岸，澳大利亚东南部和西部海岸，美国东部和西部部分岸段，都有海岸沙丘分布。沙质堆积海岸的剖面形态，因波浪特征和波向变化而常有变化。暴风浪和涌浪都塑造与其相适应的剖面，导致沙质堆积海岸的季节性演变。如美国西海岸和非洲西海岸，在冬季形成暴风浪剖面，夏季形成涌浪剖面；中国中、南部海岸，夏、秋季多暴风浪剖面，冬季则多涌浪剖面。

魅力独具：淤泥质堆积海岸

淤泥质堆积海岸位于泥沙来源丰富、潮汐作用较强的岸段。海岸物质大多由 0.001 ~ 0.05 毫米的细颗粒泥沙组成，形成广阔平缓的低海岸平原。波浪通过浅滩，能量较弱，潮汐作用显得较为活跃。淤泥质海岸岸线平直，海岸地貌单一，按潮汐、波浪作用差异以及地貌特征，可分为：潮上带、潮间带和潮下带。潮上带位于平均大潮高潮位以上，特大潮汛或风暴潮时海水可到达的范围。该带地势微有起伏，低洼地分布其间，有暴风浪作用和流水痕迹。

淤泥质堆积海岸

盐沼地上生长有稀疏的耐盐植物。潮间带为平均大潮高潮位到平均大潮低潮位之间的海水活动地带，即高潮被淹、低潮出露的海涂(潮滩)。此带泥沙活动频繁，侵蚀、淤积变化复杂，潮滩上留有由落潮水流冲刷而成的树枝状潮水沟，以及由波浪侵蚀成的坑洼。各地潮间带宽度不一，一般为几千米，最宽的可超过 10 千米。潮下带在平均大潮低潮位向海一侧，为潮滩的延伸部分。其组成物质较细，水下岸坡平缓，等深线延伸方向与岸线趋于平行。

淤泥质堆积海岸在世界各大河口附近都有分布。中国的长江、黄河、珠江等河流每年有巨量泥沙入海，使中国的淤泥质海岸广为发育，并独具特点。它大体上可以分为两种：一种是在河口三角洲基础上形成的，如渤海西部和江苏北部的海岸；另一种是沿岸水流搬移的细颗粒泥沙，在隐蔽的海湾堆积，如杭州湾以南至闽江口以北的港湾淤泥质海岸。与更新世冰水沉积作用有关而发育成的淤泥质海岸，岸外海滨有一列断续相接的岸外沙堤，构成有利于细颗粒泥沙堆积的环境，其中以荷兰海岸最为典型，美国东部海岸和联邦德国、丹麦、英国部分海岸也有发育。

资源丰富：生物海岸

生物海岸自南北回归线附近至赤道的浅海地区，繁殖和生长着珊瑚和红树林等生物群落，构成热带和亚热带特有的海岸类型。珊瑚礁海岸是由造礁珊瑚、有孔虫、石灰藻等生物残骸构成的海岸。珊瑚礁可分为岸礁、堡礁和环礁等类型。岸礁通常紧贴海岸发育，在近岸海域形成一片宽阔的浅水地带，随着珊瑚礁加宽，海岸线向海方向推移；堡礁的延伸方向与岸线几乎平行，外缘坡度很陡，它与海岸之间被潟湖分隔开来；环礁在平面上呈环形，围绕着一个潟湖水域。红树林海岸在热带和亚热带的潮滩上，生长着耐盐、繁茂的红树林植物群落，构成了特殊的生物海岸。由于红树林植物的葱郁树冠、特殊的根系，以及林间的枯枝落叶，既抑制了风暴潮对海岸侵蚀，又阻滞涨落潮水流，促使泥沙堆积，岸滩淤涨。在低海岸平原上，生长有陆生植被；潮上带沼泽上灌木丛生；潮间带泥滩为红树林沼泽；潮下带为浅水泥滩，红树林的一些先锋种可率先生长。这几个植被景观带，随着岸滩淤涨而由陆向海方向演替。

第四章
话说蓝色生命圈

《美人鱼》《渔夫的故事》《海底两万里》……每当我们想起这些故事里的海洋情景，都会对海洋世界的神奇、怪异、美丽充满无限的向往。那浩瀚无垠的海洋里的生物是那样得丰富多彩、五彩缤纷、数之不尽。那么，海洋里究竟有哪些生物呢？它们又是如何生活呢？下面让我们一起去寻找答案吧！

第一节　海洋——生命的摇篮

什么是海洋生物

海洋生物是指海洋里的各种生物，包括海洋动物、海洋植物、微生物及病毒等。有海洋科技工作者通过对我国海洋生物的调查研究，已在我国管辖海域记录到了5个生物界、44个生物门，共计2万多种海洋生物。其中种类最多的是动物界，原核生物界最少。我国的海洋生物种类约占全世界海洋生物总种数的10%。

海洋动物——海豚

海洋生物分类方法多样。按照传统分类方式,大致可以分为三类。

（1）海洋动物

海洋动物是海洋中异养型生物的总称，是重要的生命保障系统，海洋动物作为生物界重要的组成部分，其门类繁多，各门类的形态结构和生理特点有很大差异。微小的有单细胞原生动物，大的有长超过30米、重可超过190吨的蓝鲸。从海上至海底，从岸边或潮间带至最深的海沟底，都有海洋动物。

（2）海洋植物

我们把海洋中利用叶绿素进行光合作用以生产有机物的生物叫作自养型生物。从低等的无真细胞核

海洋植物——硅藻

藻类到高等的种子植物，门类甚广，共 13 个门，1 万多种。其中硅藻门最多，达 6000 种；原绿藻门最少，只有 1 种。海洋植物以藻类为主。

你知道吗

海洋世界的“肥沃草原”

海洋植物是海洋世界的“肥沃草原”，海洋植物不仅是海洋鱼、虾、蟹、贝、海兽等动物的天然“牧场”，而且是人类的绿色食品，也是用途广泛的工业原料、农业肥料的提供者，还是制造海洋药物的重要原料。有些海藻，如巨藻还可作为能源的替代品。光是海洋植物的能源，温度是海洋植物的生长要素，矿物质营养元素是海洋植物的养料。

（3）海洋微生物

海洋微生物是指以海洋水体为正常栖居环境的一切微生物，它们是海洋生物中不可替代的一类。

海洋生物都生活在哪儿

海洋浩瀚无垠，海洋生物可以在广阔的大海中尽情遨游。但是，海洋中却并非处处都有海洋生物，生物分布还要受许多环境因素的制约。

浮游生物是海洋中个体数量最多的生物。其中，浮游植物必须生活在有光照的水域中，因为它们必须依靠光合作用来制造营养，维持生命，因而浮游植物白天一般多生活在洋面区上层的光亮带，即 100 米以内的浅水层中，夜间可下沉至 200 米以内的稍深水层中。浮游动物大多以浮游植物为食，由于其摄食活动大多是在夜间进行，因而夜间它们大多活动在 200 米以内、有浮游植物分布的水层中，白天则下沉至 200 米以下的弱光区生活。

鱼类大多以浮游动物或者小型

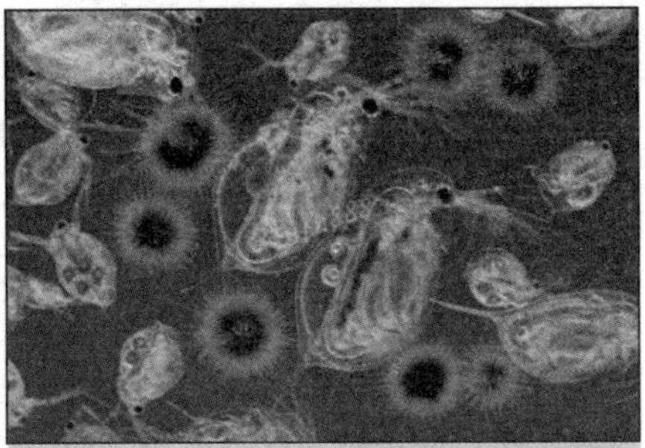

浮游生物

鱼虾等为食物，因而其分布水域大多在距海岸几百千米、水深 200 米以内的大陆架及其附近。大陆架水域分布的鱼类数量大约可占鱼类总数的 2/3 以上，只有一部分大洋性洄游鱼类，如金枪鱼、旗鱼、鲣鱼等，可分布至广阔的大洋水域。还有部分鱼类几乎长年都生活在海底，成为底栖性鱼类，如比日鱼。此外，还有少数鱼平时都生活在海洋中，但繁殖季节则需要溯游至江河内产卵繁殖，如鲑鳟鱼类。在更深的海底水域，虽然也曾发现过鱼类，例如，深海潜艇曾在数千米的深海海底发现过形状怪异的鱼，1978 年在南极罗斯冰架下 597 米的冷水团中发现过鱼，但大洋深处究竟有多少鱼类，至今仍然还是个未知数。

贝类中绝大多数都生活在海底，这也是由其生活习性所决定的。贝类需要滤食浮游性微藻类或者捕食其他贝类生活，其生存水域中必须有足够的食物，因而它们大多也只能分布在水深 100~200 米以内的海域。虾蟹类大致上也是如此。至于深海中有多少生物，至今仍不是十分清楚。因为直至目前为止，全球海洋中大约只有 5% 的水体被人类基本上探明，而占全球海洋 80% 以上的深海区，除了少数探险家偶尔光顾之外，基本上还属于未知的空白区，人类对深海的了解仅知之皮毛。

深海中一片漆黑，水温一般只

贝类中绝大多数都生活在海底

有2℃左右，而压力却高达30~110兆帕，是正常大气压(0.1兆帕)的几百倍乃至上千倍，深海下层的海水中含氧量仅为表层海水的1/10左右，如此恶劣的环境条件，普通海洋生物是根本无法存活的。据计算，海水深度每增加10米，产生的压力就相当于一个大气压。在水深超过30米的海底，未经特殊训练的潜水员就很难承受海水的巨大压力；在水深1000米的深处，海水的压力可达100个大气压，如此大的压力足以使木材的体积被压缩至一半，变得像金属一样不能漂浮而只能下沉；在水深1万米以下的深海中，压力超过1000个大气压，曾在该深度考察过的用特殊钢制造的直径218厘米、壁厚8.7厘米的深潜器，大小被压缩了2毫米，同时深潜器的外部涂层也在巨大的压力下全部被剥落。

根据深海探险家描述，为适应深海中这种特殊环境，深海生物的

海洋鱼群

体色多呈红色、黑色或者无色，有些种类还能发出磷光；深海鱼的眼很小或者全盲，嘴大，颚宽阔，胃容量很大，以便获取并容纳更多的食物；由于深海中食物稀少，深海生物的体型一般都不太大，新陈代谢迟缓，生长也极其缓慢；可能因深海中生物密度较小、同类难求的缘故，许多深海生物的配偶常常是终身的，有的种类雄性个体还以寄生的方式终生依附于雌性个体身上，成为永不分离的终身伴侣。

深海生物由于长期生活在低温、高压、少氧的环境中，采集上来后会很快死亡并腐败解体，因而能保留下来的标本就极为罕见。1996年，一艘科学考察潜艇在马里亚纳海沟查林杰海渊中第一次于1.1万多米深的海底收集到微生物样品，该样品经在实验室培养后，鉴别出多种原始细菌类和真菌类，其中还包括一些抗寒菌类及其孢子。这些菌类能承受比海面高1000多倍的压力和2℃左右的低温，并且在这种苛刻的环境条件下仍能正常生活与繁衍。

海洋里到底有多少种生物

海洋里到底有多少种生物？大概没有人能说出具体数字。全世界

的科学家们正在进行一项空前的合作计划，为所有的海洋生物进行鉴定和编写名录。目前已经记录的海洋鱼类大概有15304种，最终预计海洋鱼类大约有2万种。而目前已知的海洋生物有21万种，预计实际的数量则在这个数字的10倍以上，即210万种以上。

这个计划叫作海洋生物普查，科学家们预计要花上10年时间，共有来自53个国家的300多位科学家参与到这个空前的合作计划中来，让全世界的海洋科学家在一起合作。从21世纪开始，平均每星期就有3个新的海洋物种被发现。根据这个研究计划，大约还有5000种海洋鱼类以及成千上万种其他各种各样的海洋生物还没被发现。

这个普查计划希望能够评估各种海洋生物的多样性、地理分布和数量，并且解释上述情况如何随着时间而改变。这个计划有什么现实意义呢？海洋生物的普查可以找出目前已经濒危的生物以及重要的繁殖区域，可以帮助渔业管理机构发展出有效的连续经营策略。而随着成千上万的新种海洋生物被发现，科学家们将开发出新的海洋药物和工业化合物。

海洋生物普查科学委员会主席、美国路特葛斯大学的弗雷德里克·格

深海鱼

拉塞尔说：“这是21世纪第一场伟大发现之旅的开始。更重要的是，这是全球性的努力，去测量海洋的各种生物，也让我们知道我们应该做些什么去防止海洋生物继续消失。”海洋至今仍然是未被勘探的领域，我们对海洋里生物的认识非常有限。海洋生物普查首席科学家说：“海洋生物的多样性不只是海洋状况的重要指针，同时也是保护海洋环境的关键。”

海洋中的食物链是什么样子的

地球上的每个物种都是生态系统中的重要一员，在生态系统中，通过生物之间的吃与被吃，能量就从一个有机体传递到另一个有机体所形成的通道，我们称之为食物链，如陆地的牛、羊、兔子吃青草，老虎等猛兽又吃牛、羊和兔子。关于海洋有句俗话：“大鱼吃小鱼，小

鱼吃虾米，虾米吃稀泥。”这种关系使有机物质和能量从一种海洋生物传递到另一种海洋生物身上去，它们像一条链锁把海洋中各种各样的生物紧密地联系在一起。物种之间相互依存、相互牵制，一旦食物链中的某一个环节出现问题，整个生态系统的平衡都将受到很大影响。

在陆地食物链中，比如森林中或草原上，一般是植物摄取太阳的能量制造有机质，草食性动物以植物为食，肉食性动物以草食性动物为食。但是，在海洋里的食物链却有所不同，海洋里的食物链根据不同的生境条件以及营养源性质可分为两种食物链：

1. 牧食食物链

这种食物链是与陆地食物链相似的以活植物体为营养起点的食物链，我们称之为牧食食物链。在牧食食物链中，最低等的生物是浮游在海水表面的个体很小的单细胞藻类、细菌和微生物等，它们的个体很小，在水中，其中绝大多数我们肉眼看不见，但它们是许多海洋生物赖以生存的初始食粮。其数量相当可观，每年为海洋生态系统提供1000多亿吨有机碳，我们称为初级生物生产量。由于这些单细胞藻类是依靠太阳光进行光合作用的，所以海洋初级生产量是太阳光照强度

各种各样的海洋生物

变化的函数。光照强的热带和温带海域，初级生物生产量便高；在两极海域，由于太阳光照强度弱，所以初级生物生产量便也低些。除光照因素外，氮和磷的含量也是影响海洋初级生产的一个重要因素，因为氮和磷等是初级生物——植物的营养盐，往往是营养盐越丰富的海域,其初级生物的种群数量就越多。海洋中浮游植物和底栖植物是最主要的初级生产者，它们为草食性的鱼类、虾类、蛤类和一些甲壳类等海洋动物提供丰富的食物。这些草食性的海洋动物又为肉食性的海洋动物提供食物，如海蟹、海星、对虾等。这些生物又为大型鱼类和大型无脊椎动物提供食物。这些大型鱼类和大型无脊椎动物又为凶猛的鱼类和海洋哺乳动物，如鲸类、鲨鱼等提供食物。这些自身不再被其他生物所摄食的生物为终极生产力。终极生产力者处于食物链的末端，介于海洋初级生产力与终极生产力之间的各层次的生物为次级生产力。

食物链的最高级——鲨鱼

你知道吗

凶猛的鲨鱼

鲨鱼是一群板鳃类鱼的通称。这是一类古老的鱼种，在侏罗纪时已经形成现代类型的鲨鱼，它处于海洋食物链的最高级。鲨鱼身体无鳞，鳃裂有5～7个，分布在世界各地温带和热带的海洋，一般鲨鱼在20℃以下的水温中就不大有活力。鲨鱼都是通过体内受精繁殖，有胎生、卵胎生或卵生。

由于生物所处的海洋环境不同，牧食食物链又可分为三种基本类型：大洋食物链、沿岸（大陆架）食物链和上升流区食物链。其中大洋食物链是从个体大小为2～20微米的微型浮游植物开始的，即微型浮游植物（如鞭毛藻）被小型浮游动物（如原生动物）所捕食，小型浮游动物（如桡足类）为大型浮游动物（糠虾）提供食物，大型浮游动物再为巨型浮游动物（磷虾）提供食物，巨型浮游动物被食浮游动物的鱼类所吃，鱼类又被食鱼类的鱼类（如

鱼儿在捕食浮游动物

金枪鱼)所吃，形成了一条很长的食物链。大洋食物链的特点是长，一般有6个营养级，但终极生产量不高。沿岸(大陆架)食物链多以个体大小为20～200微米的小型浮游植物(如硅藻等)为营养起点，经过大型浮游动物或底栖植食者，再到食浮游动物或底栖肉食者，而到终极的食鱼的鱼类，一般有4个营养级，这种食物链的终极生产量比较高。而上升流区食物链往往食物链级很短，平均只有3个营养级，但终极生产量却很高，这是为什么呢？这是因为初级生产贮存的能量沿着食物链营养级传递时，每经过一个营养级就有大量的能量以废能的形式消耗掉，生态转化效率大约只有10%～20%，也就是说，每100千克的浮游植物被摄食后转化为浮游动物只能有10～20千克左右，其他90～80千克都在转化过程中被消耗掉了，浮游动物以及一些小鱼小虾也与浮游植物一样。因此食物链越长，能量在传递过程中损失就越多，终极生产量就越少。也正因为能量在流动过程中损失非常快，所以尽管海洋里的初级生产每年要生产1000多亿有机碳，要比陆地每年生产的160多亿有机碳高出许多，但是，我们感觉来自海洋的食物还是很少。目前，我们人类从海洋里获取的食物还不足1%，而99%来自陆地，可是尽管利用这么少，海洋渔业资源却很快衰退枯竭了。

2. 碎屑食物链

与陆地不同的是，在海洋的河口湾一带海域里，还存在一条以碎屑或死的有机体为营养起点，从残骸分解者即真菌、细菌和某些土壤动物开始的碎屑食物链。在这个以生物残骸为基础的食物链中，几乎没有草食动物以植物为食。当植物死亡，它们的叶、茎和其他部分沉入水底，变成异养细菌和真菌的大本营。这些生物以植物的枯枝败叶为食，并将它们转化成自身的能量。不仅如此，这些生物还将植物体内的化合物分解成简单物质，并将它们释放到生态环境中。当小动物和其他种类的微生物以这些植物碎屑为食时，碎屑上的生物也被一并吞食进去。就这样，植物的能量从分解者开始转移到了动物那里。

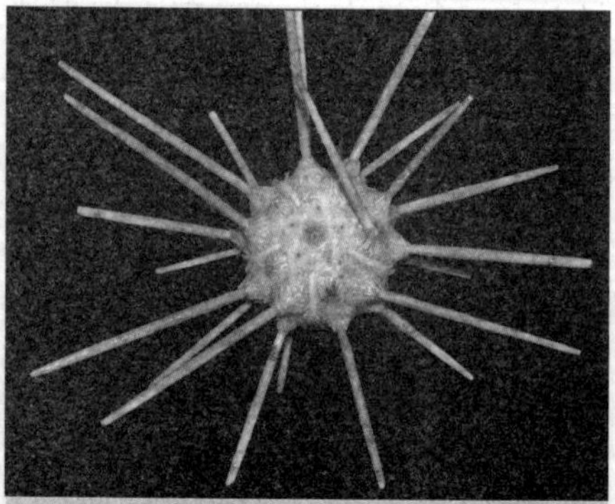
海洋细菌

在陆地上，碎屑食物链的作用很不明显，但是，在海洋生态系统中，碎屑食物链的作用却相当大，这是为什么呢？因为，原生动物、真菌、细菌等在陆地上几乎可以说是无法利用，无法进入食物链中进行物质循环的，而在海洋中却能成为很多小型动物的饵料。

不过，在过去的很长一段时间里，碎屑食物链的作用也是不太被重视的，一开始大家都认为碎屑的营养价值并不高，同时推测也不太容易被同化，但是，后来经过很多的研究发现，很多碎屑是由无生命的有机颗粒物和有生命的生物组成的复合体，在其身上不仅活动有大量的微生物，同时还生长着丰富的微小动植物，这些东西的营养价值也很高，碎屑里的蛋白质、氨基酸、脂类和碳水化合物都很丰富。譬如说，1970 年，有人对泰莱草的碎屑进行研究得知：1 克（干重）碎屑中有 30 亿个细菌，2000 万个底栖硅藻，5000 万个鞭毛虫，5 万个纤毛虫和变形虫。而从营养角度看，有机物含量占 5% ~ 15%，其中蛋白质和脂类物质占 3% ~ 5%，微生物生物量达 0.2% ~ 2%。

另外，碎屑食物链在海洋生态系统中很重要，是因为海洋里的碎屑数量可能要比陆地上大的缘故。

特别是河口、港湾中的数量是非常可观的。有人估计，在河口、港湾一带，大约有50%的总初级生产是通过碎屑形式结合到食物链里去的，所以其作用并不亚于牧食食物链。譬如说，在我们中纬度海区，在夏季初级生产衰退时，异养生物的营养，一部分就是依靠春季水华期形成的碎屑来维持的。

其实，食物链还不能真正反映海洋里真实的营养结构，因为海洋食物关系是非常复杂的，生态系统中的一个动物种群通常不是固定消费其低一个营养级的物种种群。如被确定为第五营养级的物种只是部分或主要依靠第四营养级的动物生存，也同时摄食第三、第二营养级的动物，而且其幼体和成体的食物也往往处于不同的营养级。因此，实际上海洋里有机物质传递的路径，从低级到高级，从被食生物转化到摄食生物的食物关系是由食物链与食物链交织在一起，犹如网状结构的复杂关系，我们称它为食物网。

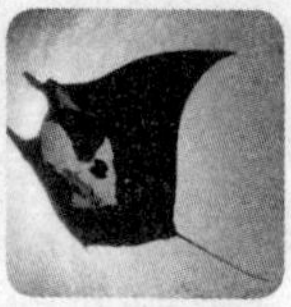

第二节　形形色色的海洋生物

深海虎王：虎鲸

在大海里有一种像老虎一样凶猛的动物，那就是虎鲸。虎鲸可以说是最凶猛的海洋动物了。因为大白鲨经常攻击人类，相反，历史上还没有过虎鲸攻击人类的事例，不仅如此，还在很多地方流传有虎鲸救助落水渔夫的故事。所以就给人造成了一种错觉，认为大白鲨才是海洋中最凶猛的动物。事实上，虎鲸才是真正的海洋之王，它们是鲨鱼的天敌。

虎鲸俗称杀人鲸，别称凶手鲸、逆戟鲸等，是一种大型齿鲸，是海

大白鲨

豚科中体型最大的物种，身长为 8 ~ 10 米，体重 9 吨左右，性情凶猛，善于进攻猎物，是企鹅、海豹等的天敌，有时它还袭击同类须鲸或抹香鲸，是名副其实的海上霸王。虎鲸分布遍及世界各大洋，喜欢栖息在 0℃ ~ 13℃的较冷水域，以南北两极等冷水海域和近海区较常见，部分虎鲸会终年停留于南极海域，而在北极的虎鲸则很少接近浮冰。在我国常见于渤海、黄海、东海、南海和台湾海域。

你知道吗

虎鲸是人类的朋友

虎鲸虽然凶狠残暴，可它却是人类的朋友。迄今，世界上还没有虎鲸袭击人类的记录。相反，由于它的智慧，倒是有人驯养虎鲸使之为人类服务。比如，在海滨旅游区的人们训练虎鲸供游人娱乐，当虎鲸听到召唤信号时，它会马上游到岸边让游人骑在背上到水中游弋，而后又能按指令再把人送回岸边。另外，由于虎鲸凶残暴戾，使其他海洋动物闻声长胆，所以，也有渔民把虎鲸的叫声录制下来在养殖场边播放，以此驱逐养殖物的天敌，从而保障养殖业免受祸害。

虎鲸体形呈纺锤形，表面光滑，身体的颜色黑白分明，背部为漆黑色，腹面大部分为雪白的颜色。头部呈圆锥状，嘴巴细长，没有突出的嘴喙，牙齿锋利，上下颌上共有 40 ~ 50 枚圆锥形的大牙齿。鼻孔在头顶的右侧，有开关自如的活瓣，当浮到水面上时，就打开活瓣呼吸，喷出一片泡沫状的气雾，遇到海面上的冷空气就变成了一根水柱。前肢变为一对鳍，很发达，后肢退化消失。高耸于背部中央的强大的三角形背鳍，弯曲长达 1 米，既是进攻的武器，又可以起到舵的作用。虎鲸的泳速很快，最快可达时速 55 千米，潜水的时间也很长，最多能达到 30 分钟以上。虎鲸喜欢群居，有 2 ~ 3 头的小群，也有 40 ~ 50 头的大群。

虎鲸的牙齿坚硬但不锋利，因此它的牙齿主要用于摄取食物而不是咀嚼，虎鲸一般是整个吞下的自

虎鲸

己叼住的食物。虎鲸的食物非常丰富，从小型结群鱼类、鱿鱼到大型须鲸与抹香鲸都是它们的狩猎目标。此外，虎鲸的猎物还有海豹等鳍脚类动物、海龟、海豚、海狗、海獭、海牛、儒艮、鲨鱼、魟等，甚至还有趁游泳横渡水道时伺机捕食的鹿。不同的虎鲸族群有不同的食物种类偏好，例如，某些族群主要以鲑鱼、鲔鱼或鲱鱼等鱼类为主要食物，某些族群则会巡视鳍脚类的登陆地寻找猎物，或跟随迁徙中的鲸群。

虎鲸经常合作袭击并制服大型猎物，有时，它们也会合力将鱼群集中成一个大球，然后轮流钻入取食。在捕食的时候，虎鲸还会使用诡计，比如，它会先一动不动地将腹部朝上漂浮在海面上，看起来就像一具死尸。当乌贼、海鸟、海兽等接近它的时候，虎鲸就会突然翻过身来，张开大嘴把靠近它的猎物吃掉。有时，虎鲸也会先用尾巴将海狮等猎物击昏，然后再进行捕食。

海洋巨无霸：蓝鲸

蓝鲸是世界上体型最大的动物，它比非洲象还要重30倍，即使是体型最大的恐龙的体重也不足它的一半。刚出生的蓝鲸幼仔就与雌性大象的体重一样，而且它的体重每天都要增加约90千克，也就是说每小时增加3.6千克。成年的蓝鲸的心脏就相当于一辆家用轿车那么大，蓝鲸的心脏能够处理9000升的血液，每跳动一下就能泵出270多升的血液。蓝鲸的大动脉宽的足以让一个5岁的小孩在里面游泳。蓝鲸能够长得如此之大，是由于水的浮力可以承受它巨大的体重，而在陆地上这么大的动物是无法生活的，因为能量需要运转，所需的食物也太多了。但是对于生活在海里的温血动物来说，还有许多疑难的问题：这实际上是一个荒漠地带，没有任何可以饮用的水；而且这里很冷，在水中的热传导比陆地上要快上24倍。蓝鲸在海域中广泛分布，遍及南极到北极的广阔海洋。

鲸脂是使得蓝鲸能够存活的不可或缺的要素，因为鲸脂的密度小于海水的密度，所以它能够起到绝缘外套和救生衣的作用。除此之外，鲸脂还可以储存从食物中摄取的水分，从而保证蓝鲸在食物短缺时也能获得一部分快捷的营养补给。

蓝鲸是靠声音相互交流的，这是因为味觉在水中没有用，视觉在水中受到限制，只有鳍而没有手指的蓝鲸触觉自然也不怎么样，而声

浮出水面呼吸的蓝鲸

波在水下的传播速度比在陆地上要快 4 倍。鲸的歌声是动物所能发出的最大的声音，有些低频的歌声甚至在几千千米之外都能够感觉到。

蓝鲸通常捕食它能找到的最密集的磷虾群，这意味着蓝鲸白天需要在深水（超过 100 米）觅食，夜晚才能到水面觅食。觅食过程中蓝鲸的潜水时间为一般为 10 分钟。潜水 20 分钟并不稀奇，最长的潜水时间记录是 36 分钟（西尔斯，1998 年）。蓝鲸捕食的过程中一次吞入大群的磷虾，同时吞入大量的海水，然后挤压腹腔和舌头，将海水经鲸须板挤出。当口中海水排出干净后，蓝鲸吞下剩下的不能穿过鲸须板的磷虾。

蓝鲸正在追捕猎物

你知道吗

蓝鲸浑身是宝

蓝鲸浑身是宝，它的皮可以制革，用鲸皮做的皮制品质地柔软、花纹美观，丝毫不亚于牛皮。蓝鲸那厚达十几甚至是几十厘米的皮下脂肪，可以用米炼油、食用或用作其他化工原料。一头蓝鲸可产油 30 多吨，相当于 1700 头猪或 8000 只羊的脂肪总量。蓝鲸的肉还可以食用，味道十分鲜美，无论煮、炖、烧、烤皆可。除此之外，蓝鲸的骨骼、内脏可作药用或制肥。

蓝鲸在秋后开始交配，一直持续到冬末。蓝鲸在冬季繁殖，雌兽一般每2年生育一次，怀孕期为10 ~ 12个月，每胎只产1仔。蓝鲸的受精卵的重量不到1毫克，小到肉眼难以辨别。刚出生的幼仔体长就达6 ~ 8米，体重约为6000千克，为了防止窒息而死，雌兽要将幼仔托出水面呼吸第一口空气，以后它就能自己呼吸了。

座头鲸

海洋歌唱家：座头鲸

座头鲸分布在从南极冰缘到北纬65°的广阔海面，而且随着季节变化会发生有规律的南北洄游。它们夏天生活在凉爽的高纬度水域，但是在热带或亚热带水域交配繁衍。座头鲸通常每年迁徙路程长达25000千米，使它们成为哺乳动物中最好的旅行者之一。有人称其为远航者，这是“世界上一种神奇的庞然大物造就一次不同凡响的奇妙旅行”。座头鲸的群体结构较为松散，一般都是单独生活，成对或者几只一起生活的也有，性情温顺，同伴间的眷恋性很强。在夏季为了方便互相合作觅食，通常群体生活会持续很久。座头鲸的寿命相当长，一般为60 ~ 70年。

座头鲸游泳的速度很慢，每小时为8 ~ 15千米，在海面缓缓游动时，就像一座冰山一样，身体的大部分沉在水下，有时又像是一个自由飘浮的小岛，人们在海岸上也能看到它露出海面的身体。它可以钻入水中快速潜水游动，仅用几秒钟就能潜入昏暗的海底深渊。当露出水面呼吸时，从鼻孔里会喷出一股气体，把周围的海水也一起卷出海面，形成一股水柱，同时发出洪亮的类似蒸汽机发出的声音，被称之为“喷潮”或“雾柱”，有幸能看到如此壮观的场面绝对会让人心潮澎湃。有时它还会兴奋得全身跃出水面，高度可达6米，落水时溅起的水花声在几千米外都能听到。座头鲸是一种非常积极的捕猎者，它们的捕食对象包括磷虾、小群鱼、鲱鱼、胡瓜鱼和玉筋鱼。捕食的方法有的是直接攻击，有的是通过用鳍拍打海水而将猎物击晕。还有种最独特的猎食技巧足以看出它们的智慧和协作性：一群座头鲸会在鱼群的下方围成一个大圈，并迅速地游动，再利用它们的喷水孔向上喷气形成水泡网从而使鱼群被逼得更为密集。然后它们突然会张大口向上蹿，一口就可以吞下数以千计的鱼虾。这或许是最奇特的海洋哺乳类的捕猎法。

座头鲸为一夫一妻制，雌座头鲸每2年生育一次，妊娠期约为10个月，每胎产1仔。座头鲸的家庭十分和睦，当雌座头鲸带着幼仔时，雄座头鲸往往紧跟其后进行保护。作为哺乳动物，雌座头鲸用乳汁喂养幼仔，乳汁由乳头自动挤出，幼仔在水中吸食。座头鲸的幼仔发育很快，它的体重每天可以增长40 ~ 50千克。座头鲸母子之间的亲情十分亲厚,甚至是令人叹服。雌座头鲸在哺乳期间为幼仔的成长提供一切营养，而它自己却长时间不进食，直到幼仔长得有几个月大的时候才开始寻找食物，座头鲸的幼仔也常用两鳍温情脉脉地触摸着母亲。

正在觅食的座头鲸

你知道吗

座头鲸的数量

在19世纪以前，全球座头鲸的数量达到150000条，但在往后的一个世纪里，人类大规模进行商业捕鲸活动，过度捕杀座头鲸令座头鲸的数量在1966年只剩下仅仅20000条。1986年国际捕鲸委员会通过了《全球禁止捕鲸公约》，严格禁止所有商业捕鲸活动，令座头鲸幸免于当时绝种。20世纪座头鲸的种群数量正在持续增长，但仍只回升至35000条，不足19世纪以前的1/4。保守估计有11600条座头鲸生活在大西洋、7000条在太平洋和约17000条在南半球。

在座头鲸进行交配的水域放置一个声音接收器，你会听到变幻莫测的“交响曲”：呜咽声、呻吟声、咆哮声、打鼾声、尖叫声、口哨声。这些奇妙的歌声是由雄性座头鲸发出的，它们以能唱最长、最复杂的动物歌曲而闻名于世。由于大多数歌曲是在交配的季节才唱，所以人们推测这些歌曲很可能是为了吸引异性的注意以及赶走其他的竞争者。但是这些歌曲也可能还有更加微妙之处，只是我们人类还没有完全了解。

一首歌曲常常能持续约半个小时，当座头鲸唱完一首歌曲之后，它通常会返回到开头，然后又重新唱一遍。每首歌曲都由几个主要部分组成，或者由几个段落构成，它们通常会按照相同的顺序排列，并且会重复很多次，但是每一次都会得到提炼并改进。一个海域的所有座头鲸都普遍唱同一首歌，唱歌时还不时与其他即兴创作者合作。但是，你在某一天听到的歌曲可能会与几个月后听到的歌曲不同。这样的话，几年下来，整首曲子有可能会完全改变。

与此同时，其他海域的座头鲸却唱着截然不同的歌曲。它们也许都在低吟着生活中同样的艰辛和磨难，但是曲调各有特色，以至于专家仅仅通过听它们那富有特色的歌曲就能分辨出哪里的座头鲸已经被录过音。

座头鲸也常常跃出海面

杂技明星：海豹

海豹的种类众多，分布于北半球、南极大陆附近的温带及寒带海洋中。海豹长着胖乎乎的纺锤形身体，圆圆的头上长着一双又黑又亮的眼睛。它们的鼻孔是朝天的，嘴唇中间有一条纵沟，很像兔唇，唇上还长着长长的胡须。海豹短胖的前鳍肢非常灵活，游泳时用来划水，能抓住猎物进食，甚至还会抓痒。海豹在岸边产仔，一胎产1仔。小海豹身上长着柔软而洁白的毛。雌海豹对幼仔非常疼爱，时刻都精心看护着它们。成群的海豹在岸上晒太阳时，几只雄海豹负责看守海豹群的安全，雌海豹则将小海豹搂在怀中。一旦发现危险来临，雌海豹会立刻抱着小海豹逃入大海。

海豹生活在寒温带海洋中，除产仔、休息和换毛季节需到冰上、沙滩或岩礁上之外，其余时间都在海中游泳、取食或嬉戏。繁殖期不集群，仔兽出生后，组成家庭群，哺乳期过后，家庭群结束。海豹在冰上产仔，当冰融化之后，幼兽才开始独立在水中生活。少数繁殖期推后的个体则不得不在沿岸的沙滩上产仔。它们以鱼类为主要食物，也食甲壳类及头足类。

雄性象海豹性情凶猛，而它们

海豹在陆地上栖息

的妻子则都性情温和。如果雌性象海豹有不轨行为，被丈夫发现，就会受到严厉惩罚。雌象海豹怀孕后会拒绝再次交配，这时雄象海豹便会大打出手。

海豹在繁殖期不聚在一块，只有一雄一雌相伴在小块浮冰上，等待宝宝出世。小海豹在出生后的一个月内会得到父母无微不至的照顾，但一个月过后，它们就必须离开父母独自出去打猎，而它们的父母也会分道扬镳。

豹形海豹全身带有黑色的花斑，它们极为凶猛，游泳速度快，锋利的牙齿加上灵敏的嗅觉，使它们经常能够出其不意地袭击猎物。在发情期，雄海豹便开始追逐雌海豹，一只雌海豹后面往往跟着数只雄海豹，但雌海豹只能从雄海豹中挑选一只。因此，雄海豹之间不可避免地要发生争斗，狂暴的海豹彼此给予猛烈的伤害：用牙齿狠咬对方，有些雄海豹的毛皮便因此而撕破，鲜血直流。战斗结束，胜利者更和母海豹一起下击企鹅群，甚至其他小一点的锯齿海豹。

可爱的海豹

海豹凭借它们光滑的纺锤形身体，成了高超的游泳专家。在水下它们可以随意地快速游泳或摆出优美的姿势，并能迅速地改变游动方向。它们还是优秀的潜水员，一般可潜 100 米左右，而威德尔海豹则能潜到 600 多米深，持续 43 分钟。憨态可掬的象海豹也是出色的演员，它们能表演顶球、驮人、打捞等项目，妙趣横生。在自然条件下，海豹有时在海里游荡，有时上岸休息。上岸时多选择海水涨潮能淹没的内湾沙洲和岸边的岩礁。例如，在我国的辽宁盘山河口及山东庙岛群岛等地都屡见有大群海豹出没。海豹的游泳本领很强，速度可达每小时 27 千米，同时又善潜水，一般可潜 100 米左右，南极海域中的威德尔海豹则能潜到 600 多米深，持续 43 分钟。海豹主要捕食各种鱼类和头足类，有时也吃甲壳类。它的食量很大，一头 60 ~ 70 千克重的海豹，一天要吃 7 ~ 8 千克鱼。

海底耕耘者：海象

北极海域如此高纬度的海洋里，生活着一些北半球的“土著”居民。它们长得又肥又胖，四肢很像鱼鳍，在冰上爬行的时候，笨拙而可爱，最奇怪的是，它们居然像大象一样，长了两根长长的尖利的牙齿，它们就是海象。

海象虽然也有“大象般”的牙齿，但它们的牙齿明显与大象的牙齿不同。海象的长牙是从海象上颚长出的犬齿，犬齿从嘴角两边垂直伸出嘴巴外，就形成了獠牙一般的面容，而且重要的是，海象的这对大牙一生都在不停地生长，最长可长到90多厘米，雌性海象牙较短，但也可以达到50厘米左右。

别看海象的长牙长得有点丑，但它绝对是海象生存的好帮手，一头海象如果没有象牙，它可能会早早地累死或饿死在富饶的海洋中了。海象是食肉目鳍足亚目下的一科，体型庞大，异常强壮，在冰冷的海水和陆地上的冰块中过着两栖生活。尽管在海洋中，它们那鳍足是游泳和潜水最好的帮手，但当它们想要爬到光滑的冰面上休息时，那两只“大脚”可就没那么有力了。海象每次从海中爬上浮冰时，都必须依靠那对锋利的“象牙”来帮助。它们会把长长的牙齿狠狠地扎进冰面，然后借着光滑的皮肤和鱼鳍一样的前足帮助，才能使劲滑上冰面。所以，这对长牙不仅是牙齿，还是海象的另一双“脚”。

海象

海象是一种群居性的动物，每群数量不等，数百只到成千上万只都有可能。对于北极这块被冰雪覆盖的大陆来说，海象没有什么威胁，尤其是在冰面上的时候，笨重的身体，鳍化的前足，使它们无法快速移动，只有群体的力量才能保证安全，这也是为何海象总是成百上千地聚集在一起的原因。

海象是一种胖胖的非常可爱的动物，它的皮肤厚度可达1.2 ~ 5

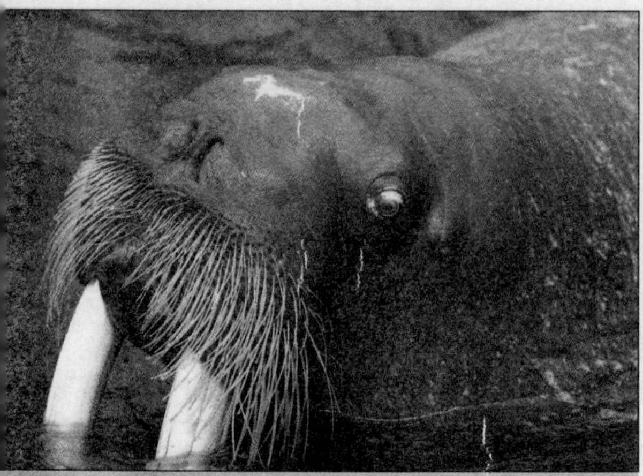

海象的长牙是重要的捕食工具

厘米，皮下脂肪厚12~15厘米，特别能忍受北极寒冷的气温。酷寒的环境还造就了海象皮肤颜色的变换，在陆地上一般呈灰褐色或棕红色，一旦进入海水中，皮肤就会变成灰白色，这是由于温度的变化刺激海象皮肤下血管收缩或扩张导致的。海象还是出色的潜水能手，一般在水中可潜游20多分钟不换气，潜水深度可达500米。

海象主要以海螺、贝壳类软体动物为食，有时也捕食乌贼、虾、蟹等，它们捕食时也离不开长长的象牙。海象在寻找食物时，会像一位耕耘者一样，把长牙当作犁，在海底来回翻搅泥沙，然后利用敏感的鼻口部和能像触角一样活动的触须来寻找食物，之后它的前鳍足就紧紧合拢，捧着猎物边游边搓，当快游到水面的时候，松开鳍足，使碎贝壳和肉类分开，然后赶紧下潜，将贝肉吞入口中。

海中智叟：海豚

海豚是一种非常聪明的动物，它们温顺可亲，也愿意与人接近，甚至比经常与人接近的狗和马更容易对人类产生好感。当它们遇到人类时，既不像森林中胆小的动物那样见人就逃，也不像深山老林中的猛兽那样遇人就张牙舞爪，它们会仔细“察言观色”，如果察觉人类并无敌意后，海豚的戒备之心逐渐下降，甚至可游到人们伸手可及的地方。如果遇到海豚，只要其中的一条不经意地逐渐靠近人，其他的海豚也会慢慢地游过来。

海豚属于鲸类，而且它并不是单独的一种，海豚是和鲸、鼠海豚在5000万年前一起由陆生哺乳类动物演化而来的。海豚的智力非常发

可爱的海豚

海豚有细长的尖吻

达，它的脑容量仅次于人类。经过训练后，海豚可参与人类活动，比如，打乒乓球、跳火圈等，因此海豚有“海中智叟”之称。令人惊奇的是，海豚的大脑居然可以完全隔开，即当其中一部分工作时，另一部分可以进行充分休息，这个时候它们往往是闭着一只眼，预示着身体中一半进入睡眠，所以海豚可以终生不眠。

海豚有细长的尖吻，约有108颗尖细的牙齿，主要以小鱼、乌贼、虾、蟹等为食，大多生活在浅海区。它们会在不同的地方进行不同的活动、休息或游玩时聚集在靠近沙滩的海湾，捕食时则出现在浅水及多岩石的地方。它们喜欢过“集体”生活，少则几条，多则几百条，当它们在海面上跳跃、游玩、捕食时，流线型的身体依次划过海面，场景非常壮观。在海豚群中还有一种奇特的现象，据说每次集体捕猎时，族群中总会有一只固定的海豚充当“追猎”的角色，将四周的小鱼赶到由其他海豚设计好的包围圈中。这种捕猎方式只在非洲母狮中发现过，可见海豚有着堪比“草原之王”的智慧。

海豚是非常“聒噪”的动物，在海中捕食或游玩时，它们经常使用频率在200 ~ 350千赫的超声波的喊叫声进行“回音定位”。即使你把海豚的眼睛蒙起来，把水搅浑，它们也能迅速而准确地找到食物。海豚不但有惊人的听觉，还有高超的游泳和非比寻常的潜水本领。海豚用肺呼吸，但却可以潜至300米深的海水中，而人不穿潜水衣，只能下潜20米。海豚的游泳速度更是惊人，可达到每小时40千米，相当于鱼雷快艇的中等速度。

海豚非常重视感情，无论是自己的小宝宝，还是敌人，只要是海洋中的弱者，它们都会毫不犹豫地游过去，用细长的吻一次次把弱者顶起来，并数天守护在身旁。如果不幸，小海豚出生后失去了性命，母海豚会奋不顾身地设法让小海豚复生，甚至会因体力衰竭而死亡。

海豚非常愿意亲近人类，在澳大利亚蒙凯米海滩的海豚已经与人类建立了深厚的友谊。在这里，每天都有数条海豚游向海滩，接受人类用手给它们的食物和鱼饵，高兴的时候，还会回报以精彩的表演。也许在不久的将来，会有更多的海豚与人类建立联系，到那时人类会揭开更多关于海豚的秘密。

水下魔鬼：蝠鲼

蝠鲼是软骨鱼纲、蝠鲼科几种海产属鱼类的统称。蝠鲼一般体扁平，它们的体型呈不规则的椭圆形，可达6米，最大可达8米以上，体重可达3吨。因它们的游泳姿态与夜里飞行的蝙蝠有些相似而得此名。

蝠鲼身体扁平，宽大于长，头宽大平扁，吻端宽而横平，头前有由胸鳍分化出的两个突出的头鳍，位于头的两侧，胸鳍长大肥厚如翼状，它还有一个小型的背鳍，尾细长如鞭。有些种类的尾部有一个或多个毒刺，像铺石一样排列，口宽大，牙细而多，像铺石一样排列，上、下颌具牙带，但上颌可能没有牙齿，鼻孔位于口前两侧，喷水孔为三角

蝠鲼

形，较小，位于眼后，距眼有相当一部分距离，出水孔开口于口隅。蝠鲼鳃孔宽大，正中延长尖突，腰带呈深弧形，正中延长尖突；卵胎生，母体子宫壁上有乳头状突起，分泌营养液以滋养发育后期的胎儿。胎儿体盘宽约 0.41 米，幼体体盘宽约 1.44 米。

蝠鲼是一种罕见的会飞的鱼，它“凌空出世”的飞跃特技很是受人瞩目。蝠鲼喜欢成群结队地活动，尤其是在繁殖季节里，它们常用双鳍拍击水面，而后跃出水面，在离水面一人多高的上空进行滑翔、翻斗，在落水时，发出犹如炮弹爆炸一样的巨响，波及数里，令人叹为观止。

你知道吗

蝠鲼是一个独立的物种吗

从分类学上解释，蝠鲼和鲨鱼的亲缘关系最近，同属软骨鱼纲，单属鲼形目蝠鲼科，现存 3 属 13 种。从生物学角度上解释是，它并不是一个具体物种，而是一个生物属，包括多个种类蝠鲼的统称。在中国东部和南部海域能见到 4 种：双吻前口蝠鲼、日本蝠鲼、台湾蝠鲼和无刺蝠鲼。

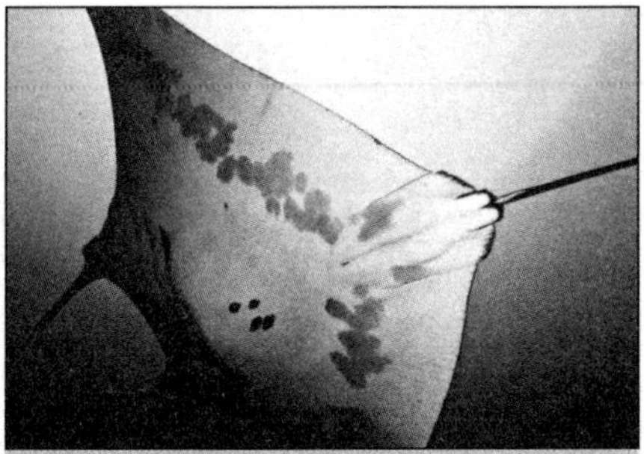

蝠鲼的肌力很发达

蝠鲼的力气让人望而生畏，它的肌力很发达，就连最凶猛的鲨鱼也对它们畏惧三分。它们一旦发怒，后果十分可怕，它们只需用那强有力的“翅膀”一拍，就能轻易折断人的骨头，将小船掀翻，置人于死地。尽管生气的蝠鲼是非常恐怖的，但事实上它们却是一种很温和的鱼类。

蝠鲼是鳐鱼中最大的种类，主要以浮游生物和小鱼为食，平时性格安静、沉稳，经常在珊瑚礁附近巡游觅食。它们喜欢扇动着大翼在海中悠闲游动，碰上浮游生物和其他微小的生物，就用头鳍把它们拨进宽大的嘴里。它们没有任何领地行为和攻击性。蝠鲼头上长着两只肉足，是它们的头鳍，头鳍翻着向前突起，可以自由灵活地转动。它们从不任意攻击其他海洋动物，即使两只蝠鲼相遇也会相安无事，在遇到潜水者时，蝠鲼常会羞涩地主动离开，不会袭击他们，有些好奇心强的蝠鲼会被潜水员呼吸冒出的气泡吸引而迎上去接近这些潜水员，

蝠鲼浮出水面觅食

并喜欢被他们抚摸躯体。据说，有位胆小的潜水员被这种巨大而奇怪的动物吓到了，在匆忙躲闪中不小心坐到蝠鲼的背上，结果被这条蝠鲼载着，潜入海底好好地“游览”了一下水底世界。

蝠鲼虽然形体看起来大而笨重，但实际上它们的行动非常敏捷，凭借翼状的胸鳍在水中畅游无阻，它们可以像鳐式飞机一样在水面上划行。游泳时，头鳍从下向外卷成角状，向着前方，鳃耙有些角质化，呈一系列羽状筛板，起滤水留食作用。蝠鲼平时栖息在海底，不过有时浮出水面觅食，有时又在刹那间潜到海底，还会碰翻渔船，因此人们又叫它“鬼鳐”。

空中海盗：军舰鸟

军舰鸟是一种生活于热带地区的海鸟，雄军舰鸟最突出的特征就是它气球一样的喉囊。军舰鸟的喙长而带钩，这是它最有效的捕食工具。它不但会掳夺其他海鸟的战利品，还会拦截跃出水面的鱼类。

军舰鸟一般栖息在海岸边树林中，主要以鱼类、软体动物和水母为食。它白天常在海面上巡飞遨游，窥视水中食物，一旦发现海面有鱼出现，就迅速从天而降，准确无误地抓获水中的猎物。军舰鸟有时也会到陆地上生活，吃一些鸟类。它们十分讲究卫生，每次吃完东西之后，都会降落到海面上清洗一下自己的身体。

军舰鸟的胸肌发达，时而在轻风中翱翔，时而疾速冲向蓝天，时而又轻盈地盘旋上升。它们还会利用海面上上升的热气流，在空中展翅滑行数小时。它不仅能飞得很高，而且还能一直飞到很远的地方。即使刮大风，军舰鸟也不害怕，依然能够顺利地在空中飞行，然后安全降落。它的两翅展开有 2 ~ 5 米长，捕食时的飞行时速可达 400 千米左右。它不但能飞到约 1200 米的高度，而且还能不停地飞往离巢 1600 多千米的远方，最远处可达 4000 千米左右，被称为鸟类家族中的“飞行冠军”。

你知道吗

军舰鸟繁殖

每到繁殖季节，雄军舰鸟的喉囊会变成鲜艳的红色，并且膨胀起来，犹如一只喜庆的“红气球”。它在雌鸟头上飞来飞去，吸引雌鸟的注意。雌鸟会被雄鸟的热情折服，双双飞上枝头，开始新的生活。当雌鸟产下一枚蛋后，雄鸟的喉囊才慢慢瘪下去，颜色也变回暗红色。

刚出壳的军舰鸟幼鸟浑身光秃秃的，眼睛也睁不开，由双亲共同哺育。大约几天后，小军舰鸟会长出一层雪白的绒毛，它们会扇动小小的翅膀，张着嘴向父母讨东西吃。这时，鸟爸爸会外出寻找大量的食物，而鸟妈妈则精心地看护幼鸟。在父母的精心照顾下，小军舰鸟长到 1 岁之后便可以独立生活了。

军舰鸟虽然善于飞翔，翅膀也很大，但是它们的身体较小，腿又短又细。它们不能像鹈鹕、鸬鹚那样潜入水中捕鱼，由于它们细弱的腿很难使它从水面上直接起飞，因此，军舰鸟在自己捕食时，只能吃些水面上漂着的水母、软体动物、甲壳类和一些小鱼及死鱼，很难吃

军舰鸟

到水下的大鱼。于是，在长期的演化过程中，军舰鸟变成鸟中海盗，它们依靠掠夺食物来弥补自己取食能力的缺陷。白天，军舰鸟几乎总是在空中飞来飞去。如果看到其他海鸟的嘴里叼着食物，它就会发起突然进攻，凶猛地冲向目标，很多海鸟会吓得丢掉口中的鱼匆忙逃跑。这时，军舰鸟马上快速地向下飞，然后一口吞下正在下落的鱼。军舰鸟经常利用自身的“威慑力量”来恐吓其他海鸟。最受军舰鸟欺负的要算鲣鸟了，军舰鸟常常用大嘴叼住鲣鸟的尾部，鲣鸟疼痛难忍，不得不张嘴吐出口中的鱼。这时，军舰鸟才会松开嘴，然后去“截击”鲣鸟吐出的食物。因为它有拦路抢劫的习惯，所以被称为“空中海盗”。

漂浮的雨伞：水母

水母的种类繁多，全世界大概有250多种，直径从10厘米到1米不等，常见于各地的海洋中。它是一种低等的腔肠动物，身体的主要成分是水，并由内外两胚层组成，两层间有一个很厚的中胶层，呈透明状，而且有漂浮作用。它们在运动时，利用体内喷水反射前进，远远望去，就好像一顶圆伞在水中迅速漂游。根据其伞状体的不同，水母可分为多种，如伞状体像和尚帽子的叫僧帽水母；伞状体像是船上的白帆的是帆水母；伞状体像雨伞的叫雨伞水母；伞状体发银光的叫银水母；伞状体闪耀着彩霞光芒的是霞水母等。普通水母的伞状体不大，较小的只有20～30厘米长，但体型较大的霞水母的巨伞直径可达2米，下垂的触手长20～30米。1865年，在美国马萨诸塞州海岸，有一只霞水母被海浪冲上了岸，这个水母的伞部直径为2.28米，触手长达36米。令人惊讶的是，把它的触手拉开，从一条触手尖端到另一

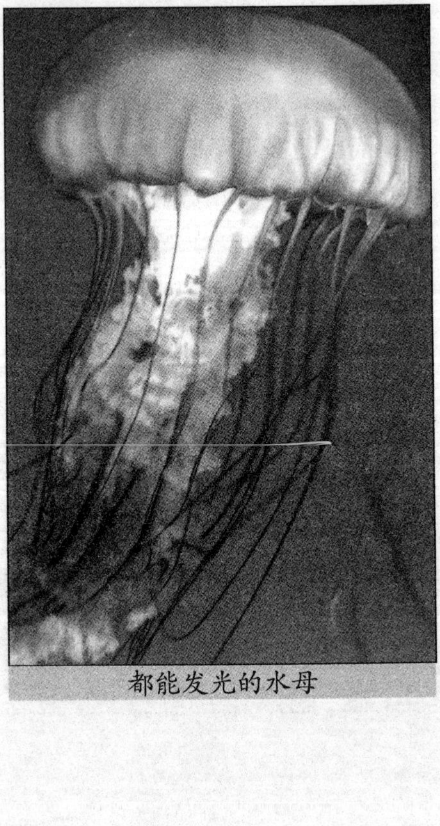

都能发光的水母

条触手的尖端，竟有 74 米长。水母的寿命大多仅有几个星期，也有能活一年左右的。

大部分水母都能发光。当水母在海上成群出没的时候，像一个整体似的在海面上紧密地生活在一起，细长的触手向四周伸展开来，跟着一起漂动，十分壮观。海涛如雪，蔚蓝的海面点缀着许多优美的伞状体，闪耀着微弱的淡绿色或蓝紫色光芒，有的还带有彩虹般的光晕，它们的色彩和游泳姿态美丽极了。栉水母在海中游动时，8 条子午管可以发射出蓝色的光，此时栉水母就变成了一个光彩夺目的彩球。在水母的中间和周围部分，分布着几条平行的光带，当它游动的时候，光带随波摇曳，非常优美。水母可以发光是由于一种叫埃奎明的奇妙蛋白质，这种蛋白质和钙离子相混合的时候，就会发出强蓝光。每只水母平均只含有 50 微克的埃奎明，这种物质量在水母体内越多，它发的光就越强。

水母的伞状体内有一种特别的腺，可以发出一氧化碳，使伞状体膨胀。水母遇到敌害或者在遇到大风暴的时候，就会自动将气放掉，沉入海底。海面平静后，它只需几分钟就可以生产出气体让自己膨胀并漂浮起来。

滑翔冠军：信天翁

信天翁的个头很大，体长 90 ~ 95 厘米，它全身白色，翅、肩和尾都是灰褐色，内侧翼上有白色覆羽。信天翁的外形很像海鸥。它头大、嘴长，由许多角质片覆盖，上嘴前端屈曲向下；它长有管状的鼻，很短的脖子。信天翁的体躯非常粗壮结实，体重达 7 ~ 8 千克。

信天翁热恋大海，它们几乎每天都在海上翱翔。信天翁的飞行动力来自于海面上流速不同的风，它们先飞到距海面较高的空中，那里风的速度较大，借助风的力量顺风滑翔而下。由于风的作用，向下滑的速度越来越快，就在接近海面的一刹那，信天翁回转身体，逆风向上滑翔，接近海面的风要受到海浪的摩擦，较为缓和，信天翁就可以依靠惯性再一次升高到风速较大的高空，然后又回转身体顺风滑下，

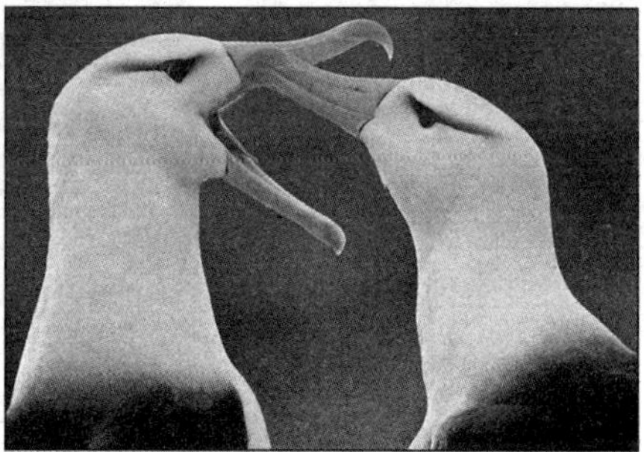

信天翁

如此不断地环绕着向下滑翔和向上腾升，它们可以毫不费力地在海面上回旋飞翔，一连几个小时都不用拍动翅膀。风越强烈，它们就飞得越洒脱自如，即使是在暴风雨中也可以前进无阻。

信天翁以毫不费力的飞翔而著称于世。它们能够跟随船只滑翔数小时而几乎不拍一下翅膀。它们为减少滑翔时肌肉的能耗而体现出来的适应性之一，便是有一片特殊的肌腱将伸展的翅膀固定。信天翁之所以成为如此完美的“滑翔机”，与它高度适应于滑翔生活的身体结构是分不开的。信天翁的头较大而尾巴很短。其翅膀长而窄，最大的信天翁双翅展开的长度可以达到 34 米，而宽度只有 0.5 米，这样的结构适宜于海面上多变的气流，做出精湛的飞行表演。人类为了征服天空，对于信天翁的飞行机理做了深入的研究，并模仿信天翁的形态制造滑翔机。但它们那种利用变化多端的气流，为飞翔提供动力的本领仍然令人们叹为观止。

信天翁有如此高超的飞行本领，常被叫作“笨鸥”。由于信天翁的双脚并不发达，在陆上活动时显得十分笨拙，加上它们的翅膀又很长，起飞时很不方便。它们用于飞翔的肌肉主要是在展翅时起固定翅膀的作用，扑翼的力量并不大，要想在平地上起飞就必须助跑一段距离才

善于飞翔的信天翁

行，要么就得选择悬崖峭壁为栖身之所，因为那里便于向下滑翔。信天翁活动如此不灵便，那它们不是很容易受到天敌的攻击吗？其实信天翁自有御敌妙法，在遇到天敌时，它们可以从胃中喷射出有强烈气味的胃油，熏退敌人，自己趁机逃之夭夭。

信天翁有时会在夜间觅食，因为那时很多海洋有机物都浮到水面上来。

信天翁是长寿鸟，是仅有的能活到老死的鸟类之一。海员一度对它们颇为敬畏，认为杀死信天翁会带来厄运。信天翁寿命相当长，平均可存活30年。但它们繁殖较晚，虽然3 ~ 4岁时生理上就具备了繁殖能力，但实际上它们在之后的数年里并不开始繁殖，有些甚至直到15岁才进行繁殖。刚发育成熟后，幼鸟会在繁殖季节临近结束时出现在繁殖地，但时间很短。接下来的几年内它们才会花越来越多的时间上岸来寻求未来的另一半。当一对配偶关系确立下来后，通常就会一直生活在一起，直到一方死亡。“离婚”只发生在数次繁殖失败后，并且代价很大，因为它们接下来几年内都不会繁殖，直至找到新的配偶。事实上，对于漂泊信天翁而言，一次“离婚”会导致它们的生殖成功率降低10% ~ 20%。

信天翁是长寿鸟

海洋卫士：红树林

红树林是热带海岸潮间带的木本群落(包括真红树林植物和半红树植物)，是一种特殊的热带“沼泽”类型。红树林并不是红颜色的树林，而是一种稀有的木本胎生植物，生长于陆地与海洋交界带的滩涂上，是陆地向海洋过渡的特殊生态系。在红树林中，所有的草本及藤本植物被称为红树林伴生植物。

世界上的红树林大致分布在南、北回归线之间的范围内，有东亚和中南美洲两个分布中心，其中又以东亚红树林较为繁茂。在太平洋西岸，无论是种类和分布范围，中国的红树林都具有代表性。中国的红树林属东亚红树林类型，主要分布于广西、广东、海南、台湾、福建和浙江南部沿岸。其中广西壮族自

红树林自然保护区

治区的红树林资源量最丰富，其面积占全国红树林总分布面积的 1/3。

红树林的生态学特征：红树林生长在缺氧的淤泥质土壤中，周期性的受到潮汐海水的浸渍和冲击。这种特殊的沼生环境，使红树林植物具有特殊的生态学特征。

红树植物一般没有粗壮有力的直根，其根系多分布在地表，属于表面根系。表面根是一种蔓布于地表面的网状根系。潮汐周期中表面根有时长时间暴露于大气中，发达的网状根系能保证呼吸作用有较充足的氧气，如桐花树、海漆就有这种根系。

很奇怪，有些植物的根会由茎干的下部或由树干上直接伸出，拱形地弯入土壤中，分别称为支柱根和板状根，红树属、角果木属、榄李属（有时）植物具有这种支柱根；秋茄树则有板状根（在海风大的地方则为支柱根）。支柱根和板状根均有固定植物体的作用，内部有通气道，表皮上有粗大的皮孔，所以又有通气作用。

有些红树植物具有呼吸根，这是对缺氧环境的一种适应。如白骨壤指状呼吸根是由土壤下面和地面平行横走的根上生出的，垂直出露地表，长达 15 ~ 30 米；海桑有笋状呼吸根，长仅 1 ~ 1.5 米；红榄李、木榄的呼吸根是膝形弯曲的；木果楝的呼吸根蛇形匍匐地面上。

一些植物树干或树冠下部的分枝会产生气生根，如白骨壤的气生根短；红树属的气生根较长，下垂柔软，不抵达地面。

红树林是胎生植物。植物怎么会有胎生呀？其实这只是一种形象的说法而已。红树的果实成熟后仍然留在树上，其种子在母树的果实内发芽。红树科植物的幼苗是很长

茂密的红树林群落

的，具有棒棍形或纺锤形的胚轴露出果实之外，待到幼苗成熟时才落下，插入松软的海滩淤泥中，几天后，就可长出根来，固定于土壤中，再次涨潮也不会将其冲走。这就是红树的胎生，胎生是对高盐度环境的适应。幼苗的含盐很低，若直接落入海水中则不能发芽，而必须在母树上发芽，并不断从母树果实中获得盐分，当其胚轴伸长到成熟的幼苗形成以后，已含有几乎与海水相适应的高盐分，届时落入海水中就可以适应高盐度环境了。

红树林具有旱生和盐生结构。红树林分布在热带海岸，这些地方怎么会干旱呢？其实热带海岸地区云量大、气温高、海水盐度高，因而红树林植物具有盐生和适应“生理干旱”的形态结构。

红树植物的叶通常为厚革质或肉质，全缘，且有时巨大，叶脉尖端扩大成贮水的管胞。

红树林的作用：红树林具有可观的经济价值。大部分红树林植物可以作薪炭，部分可作建筑材料，还有一些可做药用、食用。如可以从红树林植物中提取单宁；水椰幼果，海桑果实，木榄、秋茄和红海榄的胚轴，白骨壤的种子等均有食用价值。

红树林是海洋生物食物链的一个重要环节，间接地为养殖业做贡献。通过食物链转换，它可以为海洋生物提供良好的生长发育环境，同时，由于红树林区内潮沟发达，能吸引大量鱼、虾、蟹、贝等生物来此觅食栖息，繁衍后代。此外红树林区还是候鸟的越冬场和迁徙中转站，更是各种海鸟生产繁殖的场所。

巨大的生态效益：红树林枝繁叶茂、根系发达，能牢固扎根于海滩淤泥中，形成一道与海岸线平行的天然屏障，故可有效抵御和降低自然灾害对堤围的危害。1959 年 8 月 23 日，中国福建厦门曾遭受一次历史上罕见的强台风袭击，12 级台风由正面向厦门沿海登陆，随之产生的强大而凶猛的风暴潮，几乎吞没了整个沿海地区，人民生命财产损失惨重。但在离厦门不远的龙海市角尾乡海滩上，因生长着高大茂密的红树林，该地区的堤岸则安然无恙，农田村舍损失甚微。1986 年，广西沿海发生了近百年未遇的特大风暴潮，合浦县 398 千米长的海堤被海浪冲垮 294 千米，但凡是堤外分布有红树林的地方，海堤就不易被冲垮，经济损失就小。

近年来环境污染问题比较突出，特别是大海中油溢污染和工业废水排出后，不少重金属流向河口海岸，

红树林湿地有很多海鸟

红树林的抗污染和净化作用开始受到重视。国外的试验认为，锌、铅对红茄冬和白海榄雌的幼苗影响不大，这是因为红树林植物具有排他机制；另一方面，红茄冬幼苗处于高有机质的土壤里，可以络合金属离子，形成非渗透性硫化物及细胞中金属离子的贮存，可能起到对重金属的解毒作用。海域油轮产生油溢污染后，红树林会有一定的抗性。总之，关于红树林的抗污染作用，目前正在研究之中。

红色的海藻：红藻

红藻是含有红色素的一门藻类，构成植物中的红藻门，几乎所有的红藻都生活在海洋中，他们生长在涨潮线以下的岩石上或较深的水中，有些物种可以在250米深的海里生长，比其他任何植物所能生存的深度都深，红藻的颜色来自称为藻胆素的色素，其红色遮掩了叶绿素的颜色。

你知道吗

红藻的生活习性

红藻门植物绝大多数分布于海水中，仅有10余属50余种是淡水种。淡水种多分布在急流、瀑布和寒冷空气流通的山地水中。海产种由海滨一直到深海100米都有分布。海产种的分布受到海水水温的限制，红藻在潮间带则多生于岩石的背阴处，石缝或石沼中，也有少数喜生于暴露的风浪大的岩石上。大多数种类固着于岩石上或其他生长基质上，也有附生或寄生在其他藻体上的。

红藻门的植物体多数是多细胞的，少数是单细胞的。藻体一般较小，高10厘米左右，少数可超过1米。藻体有简单的丝状体，也有形成假薄壁组织的叶状体或枝状体。假薄壁组织的种类中，有单轴和多轴两种类型，单轴型的藻体中央有1条轴丝，向各个方面分枝，侧枝互相密贴，形成“皮层”；多轴型的藻体中央有多条中轴丝组成髓，由髓向各方面发出侧枝，密贴成“皮层”。

海岸边上的红藻

红藻的生长，多数是由 1 个半球形顶端细胞分裂的结果，少数为居间生长，很少见的是弥散式生长，如紫菜藻体，任何部位的细胞都可分裂生长。

红藻的细胞壁分两层，内层为纤维素质的，外层是果胶质的，在热水中果胶可溶解成琼脂糖溶液，稀酸中可分解成半乳糖。细胞内的原生质具有高度的黏滞性，并且牢固地黏附在细胞壁上，对强质壁分离剂是敏感的。多数红藻的细胞只有 1 个核，少数红藻幼时单核，老时多核。中央有液泡。载色体一至多数，颗粒状。原始类型的载色体 1 枚，中轴位，星芒状，蛋白核有或无。在电子显微镜下观察，光合作用片层有 1 个类囊体，类囊体膜上有藻胆体，外有两层载色体膜包围，没有内质网膜。载色体中含有叶绿素 a 和叶绿素 b、β－胡萝卜素和叶黄素类，此外，还有不溶于脂肪而溶于水的藻红素和藻蓝素。一般是藻红素占优势，故藻体多呈红色。藻红素对同化作用有特殊的意义，因为光线在透过水的时候，长波光线如红、橙、黄光很容易被海水吸收，在几米深处就可被吸收掉。只有短波光线如绿、蓝光才能透入海水深处。藻红素能吸收绿、蓝和黄光，因而红藻可在深水中生活，有的种在深达 100 米处。

红藻细胞中贮藏一种非溶性碳水化合物，称红藻淀粉。红藻淀粉是一种肝糖类多糖，以小颗粒状存在于细胞质中，而不存在于载色体中。用碘化钾处理，先变成黄褐色，后变成葡萄红色，最后是紫色，绝不像淀粉那样遇碘后变成蓝紫色。

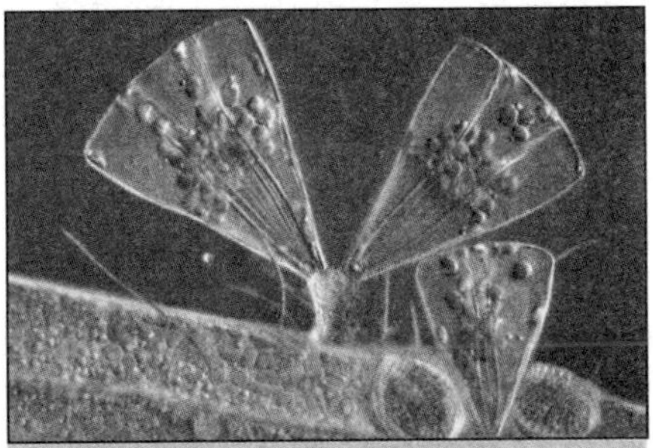

红藻细胞

海藻之王：巨藻

巨藻属于褐藻门，顾名思义，海藻中，它的个体最大，人称海藻王，堪称“植物之最”。巨藻主要生长在北美洲西海岸外浅海区，其次产在澳大利亚、新西兰、秘鲁、智利及南非沿岸浅海区。一般单棵藻长数十米，有的可达 100 多米，最长可达 200 ~ 300 米，一棵巨藻一般重 180 千克。成年巨藻由三部分组成，即固着器、柄和叶片，有些像陆上植物的根、茎、叶，但没有陆上植物的根、茎、叶那样明确的分工。陆上植物根吸收土壤中的水分和养分，茎负责输送这些水分和养分，叶则进行光合作用，而藻类属较低等植物，它的全身组织没有明确的分工，它的每部分都能进行光合作用，都吸收水分和养分。它的固着器有些像陆生植物的根，分出许多假根须，把整个藻体固着在海底岩石或泥沙中，它的直径为 30~100 厘米。其上长有 100 多个细长柄，柄有韧性，可弯曲。柄的直径达 0.6 ~ 1.9 厘米，长度可达 100 多米。如将若干条柄拧成一条，可牢牢系住一条船而不断。柄上侧长有许多叶片，叶片长约 34~102 厘米，宽 6.5 ~ 17 厘米。每个叶片有一个叶柄，叶柄中央有一个直径 2 ~ 3 厘米，长 5 ~ 7 厘米的圆筒状气囊。由于每个叶柄上的气囊作用，使藻体漂浮在水中和海面，不会因为它的个体大和重而堆积在一起。巨藻的叶片表面粗糙，边缘锯齿状。它的生长速度很快，一天可生长 60 多厘米，一年可长到 50 多米长。它生长繁茂，有时几百平方千米的海面和它下面 100 ~ 200 多米深的水体里都被巨藻的叶子覆盖，走进这样的巨藻区，犹如走进海底森林，它为许多鱼类和其他浅海生物提供了一个良好的栖息场所。就像陆上的森林中，除了各种树木之外，还有大量的其他动植物生活着，组成一个庞大的生物群落。

巨藻适合生长于水温 20℃以下的海域，寿命 8~12 年，如果每公顷海域有 100 棵巨藻，每年可产鲜藻 750 ~ 1200 吨，是植物中生产力非常高的一种藻类，每年净生产力可达每平方米 1000 ~ 7000 克碳，比陆上热带雨林要高得多。

巨藻

巨藻的食用价值与莴苣和芹菜相似，它含有 9.2%的蛋白质和多种维生素、矿物质，可做食品添加剂，也可加工成饲料，用以喂养羊和鱼类等。此外，巨藻还含有谷氨酸、

海底生长的巨藻

丙氨酸等18种氨基酸，还可做药用，提取碘、钾和甘露醇等。由于巨藻的经济价值和医药价值高，它已经成为许多国家养殖的重要藻类。

一般植物光合作用的太阳能转化效率为2%，由于巨藻生长速度快，它的光合作用太阳能转化效率比其他植物高，能够储存更多的能量。据测算，每公顷巨藻每年产鲜藻750 ~ 1200吨，相当于每年能将400兆焦耳的太阳能转变为化学能，由此可见，巨藻的能量储备是相当可观的。目前，人们对巨藻的兴趣，不仅是它巨大的食品和药用功能，并着手利用它的能量。人们试想找到一种细菌能将巨藻分解为甲烷，甲烷是天然气的主要成分，如果这样，巨藻就可代替石油或煤作为生物能源来开发，成为一种洁净的能源。据估计，只要种植面积相当于中国国土面积2% ~ 3%的巨藻，其产生的甲烷可满足中国目前可燃气的需要，这样一种新兴洁净能源的开发工程，吸引了许多专家、学者和工程技术人员的兴趣。人们可以大规模地建立巨藻的海上农场或牧场，为开发这种生物能源作准备。日本、美国在这方面做了不少研究，也在大规模养殖巨藻，进行海洋能源农场的试验和构想。

生物的守护神：海草

海草是指生长于温带、热带近海水下的单子叶高等植物。它是一类生活在温带海域沿岸浅水中的单子叶草本植物。海草有发育良好的根状茎(水平方向的茎),叶片柔软、呈带状,花生于叶丛的基部,花蕊高出花瓣,所有这些都是为了适应水生生活环境。目前,中国海记录到14种海草,如喜盐草、大叶藻等。

海草常在沿海潮下带形成广大的海草场。海草场是高生产力区,这里的腐殖质特别多,是幼虾、稚鱼良好的生长场所,同时也有利于海鸟的栖息。

海草种类丰富,生物多样性高。海南岛东海岸监控区分布的海草具有典型的热带特点,热带种与亚热带种均有分布,主要海草种类有8种,优势种类为泰莱草和海菖蒲。部分海域海草成床分布,高隆湾海草呈点片状结合分布,大部分海域的海草分布呈点状分布,少部分为片状分布。

海草是继红树林和珊瑚礁以外又一个重要的海洋生态系统,大面积的连片海草被称为海草床,是许多大型海洋生物甚至哺乳动物赖以生存的栖息地,在生态系统上具有重要意义。

海草

海草是生活于热带和温带海域浅水中的单子叶植物,不包括咸淡水生的类型在内,也就是说海草是只适应于海洋环境生活的水生种子植物。

你知道吗

海草是如何适应海洋生活的

海草具备四种机能以适应其海洋生活:(1)具有适应于盐介质的能力;(2)具有一个很发达的支持系统,来抗拒波浪与潮汐;(3)当完全为海水覆盖时,有完成正常生理活动以及实现花粉释放和种子散布的能力;(4)在环境条件较为稳定的情况下,具备与其他海洋生物竞争的能力。

海草的一个重要特征是适应于海洋浅水海岸带,一般在潮下带浅水6米以上(少数可深达50米)的环境生长。海草适生于近海浅水域和河口海湾环境,普遍生长在珊瑚礁的潟湖和大陆架(暗礁)的浅水里,在淡水区完全不存在。海草多数种类分布在东半球的印度洋和西太平洋地区,部分种类分布在西半球加勒比海地区。

海草的叶片又长又细，绝大部分是绿色的，而且植株群时常生长在广大的“草地”上，看起来就像是一大片草原。

由于这类植物必须行光合作用，它们的生长受限于浸没的透光带，且绝大多数存在于浅滩与隐匿海岸，固定生长在沙滩或是泥沙底部。当它们完成全部的水下生命周期时才会接受授粉。

海草组成大规模的海床或是草地，可以是由单属种(仅由一种构成)或多属种(多于一种共存)任一组成。在温暖的地区，通常仅有1种或少数几种具有优势(像是在北大西洋的大叶藻)，然而在热带的海床通常有更多的不同种类，菲律宾有超过13种纪录。

海草与章鱼海草床具有高度多样性，而且是富有生产力的生态系统，并能提供躲藏处给来自所有分类门的数以百计的物种组合，如年幼和成熟的鱼、附着并自由营生的海藻与微细植物、软体动物、刚毛虫以及线虫等。起初被认为是少数种类以海草叶为食(部分由于它们的营养含量不足)，然而学术评论与实际使用的改进分类法显示，在食物链中海草草食性是高度重要的一环链接，全世界有上百个物种皆以摄取海草为食，包括儒艮、海牛、鱼、鹅、天鹅、海胆以及螃蟹。

海草有时候也被称为“生态系统环境建设者”，因为它们某种程度上营造出特有的栖息地：长叶能使水流减速而增进沉淀，并且海草的根与地下茎可安定海床。它们对物种组合真正的重要性大概就是提供躲藏处了(透过它们在水体中三度空间的结构)，而且初级生产有格外高度的比率仰赖它们。因此，海草供给沿岸带一些“生态系统货物”与“生态系统服务”，如渔场防浪、产生氧气以及保护海岸来抵抗侵蚀作用。

第三节　海洋生物的秘密

生长在珊瑚礁中的“四大家族”

在众多的珊瑚礁动物群落中，数生活在珊瑚礁表面的底栖动物最活跃了，其中的软体动物、有孔虫、棘皮动物和节肢动物是珊瑚礁中最兴旺的“四大家族”。

它们之中的名门望族当属软体动物了，如单壳贝类的鲍鱼、马蹄螺、蝾螺、凤螺、法螺、宝贝、蜘蛛螺和水字贝，以及双壳贝类的珍珠贝、扇贝、光壳蛤等，它们的贝壳五光十色，形态多样。

美丽的珊瑚礁

体形特大的砗磲是珊瑚群落中特别引人注目的“寿星巨人”，其壳长达 1 米多，重量达 200 千克，可以当浴盆使用，它的寿命很长，可存活两个世纪，但它从浮游幼虫末期就开始栖息在礁石间，终生不能移动。

在珊瑚群落中，有孔虫是又一大家族。它们属原生单细胞动物，身体由一个细胞组成，壳体构造复杂，分隔成数个小室，壳壁有无数小孔，由此溢出原生质及丝状的伪足，常常是数个个体相连，分裂繁殖迅速，广泛散播于珊瑚礁表面，又喜欢生活在潮湿的礁石底下或洼地中。

海参、海星、海胆和蛇尾类是

珊瑚礁中生活着很多海洋动物

珊瑚礁表面上常见的底栖动物。它们的体形多样，有星形、五角形、半球形、心形和圆筒形，有的还形似植物。它们是一种再生力很强的动物，其外部器官损伤或断落后还能够再生。

蟹和虾是居住在珊瑚礁表面上的甲壳动物的代表。在珊瑚礁的成长中,它们最大的功绩是吞食尸体，清除腐物，为有利于新生命的繁殖创造优良的环境。龙虾种类繁多色泽鲜艳，形体英姿威武，是珊瑚礁景观中最为有趣的一族，它们喜居于水深几米或十几米的礁石缝隙、珊瑚丛和两端开口的洞穴中，最大个体可达 60 厘米，重达 5 千克。

五彩缤纷的贝类“外衣”

海洋贝类种类繁多，贝壳的形态也随种类千变万化，你看那蜘蛛螺形似蜘蛛，水字螺酷像“水”字，唐冠螺像《西游记》中唐僧头上戴的帽子，有些贝壳上有精致的花纹和鲜艳的色彩，在阳光的照射下放出华光异彩，构成了海洋中奇珍异宝的一部分。但相对于同一种贝类来说，这些贝壳的形状都有大体上一致的规则。

掘足纲有一个微弯曲的管状贝壳，贝壳两端开口，整个贝壳形似

形形色色的贝壳

牛角或象牙，所以这类动物又称角贝或象牙贝。腹足纲的贝壳一般呈螺旋形，有的高耸，有的低矮；贝壳对外的开口称为壳口，有的圆形，有的狭长。贝壳上面有粗密不等的螺纹和生长纹，有的还有颗粒状或棘状的突起，也有的壳面有厚厚的一层珐琅质，光亮滑润。

瓣鳃纲有两个扇形的贝壳，壳面上有以壳顶为中心，呈现同心状排列的生长纹，也有从壳顶向壳的边缘发出的放射状的肋纹。多板纲的贝壳多达8块，呈覆瓦状排列于它的背部，最前端的那块壳板称头板，呈半月形，后端的壳板叫尾板，呈元宝状。

头足类中，原始种类(如鹦鹉螺)有螺旋形、分室的外壳，贝壳在一个平面上螺旋，壳内由隔膜分为许多室，最后一个生成的室才是动物体居住的场所，称为住室，其他室都是密闭、中空的，有一根细长的串管串通各个室。贝壳的表面常有火焰状的花纹，色彩鲜艳。它的进化种类大多数是将外壳包入外套膜内形成内壳，或者退化消失。

海洋里的“白衣天使”

海洋动物有时也会生病，生病就得治疗，治疗就得有医生。海洋里的医生实际就是一些清洁生物，其中就有这里要介绍的“清洁虾”，这种虾一向以热心医疗保健工作而著称于海洋中。

世界上的热带清洁虾包括彼得松岩虾在内，已知的有5种，它们有着各自的服务对象。在巴哈马热带海域，有一种叫彼得松岩虾的清洁虾，透明的身上长着白色条纹和紫罗兰色斑点，它们常在鱼类聚集或经常来往的珊瑚中间找到适当的洞穴，办起“医疗站”。与彼得松岩虾一样喜欢开站设点、坐堂行医的还有猬虾和黄背猬虾。猬虾的工作场所是设在宽敞明亮的大洞穴，专门清洁大鱼；而黄背猬虾喜欢在狭小阴暗的洞里，只为小鱼们服务。

彼得松岩虾开始工作时，先在洞口舞动头前一对比身体长得多的触须，前后摇摆着身体，以招徕“病员”。当有鱼来求治时，它便殷勤地舞动起头前一对比身体长得多的触须，毫不犹豫地爬上鱼身，先诊断病情，接着用锐利的钳把鱼身上的寄生虫一个个拖出来，再清理其受害部分。为剔除鱼牙缝中食物的残渣，它还得钻进鱼的嘴巴里，在一颗颗锋利的牙齿之间穿来穿去。当检查到鳃盖附近时，鱼便依次张开两边的鳃盖，让它爬进去捕捉寄生虫。对于鱼身上的腐烂组织，清洁虾是决不留情的，严重时还要动“大手术”治疗。

与坐堂行医的清洁虾们不同，温带的加利福尼亚的鞭腕虾则四处流动，出门“行医”，设的是“流

生活在海底的虾

动诊所”。它们成百上千个成员组成医疗队，浩浩荡荡地在海底奔波巡诊，遇到需要清洁治疗的鱼虾时，就主动上前治疗，来者不拒。由于它们色彩平淡，貌不惊人，有时很难引起其他生物注意，因此，一旦遇上需要治病的鱼虾，就会毛遂自荐，蜂拥而上。它们工作起来也热情细心，干练利落，堪称海中“良医”。

喜欢排队旅行的龙虾

生活在加勒比海、巴哈马群岛及南佛罗里达半岛等地海域的北大西洋龙虾本来禀性孤独，平时不喜欢群居，白天各自躲在珊瑚礁的洞穴里，太阳落山后才纷纷出来觅食。可是一到秋天，这些惯于独来独往的龙虾却自动结成数以万计为一群的集体，到南方去旅行。

在旅途中，它们又十来个组成一组，有时也多达60个以上，好像南飞的大雁一样，秩序井然地排成“一”字纵队。它们翘着尾巴，身子水平，各自以强有力的触角和第一对步足拉着前者的尾部，在离海底5厘米处向前挺进。参加集体旅行的都是成年的龙虾，领队并不固定，经常更换，几乎所有的成员都有资格充当领队。

龙虾之所以排队旅行，是因为这样能大大减少前进中水的阻力。据计算，列队比单个游动受到的阻力要小65%，这无疑会提高前进的速度。平时单个龙虾一昼夜只能游100～300米，而如果排成“一”字纵队，则每小时就可行1千米。

龙虾

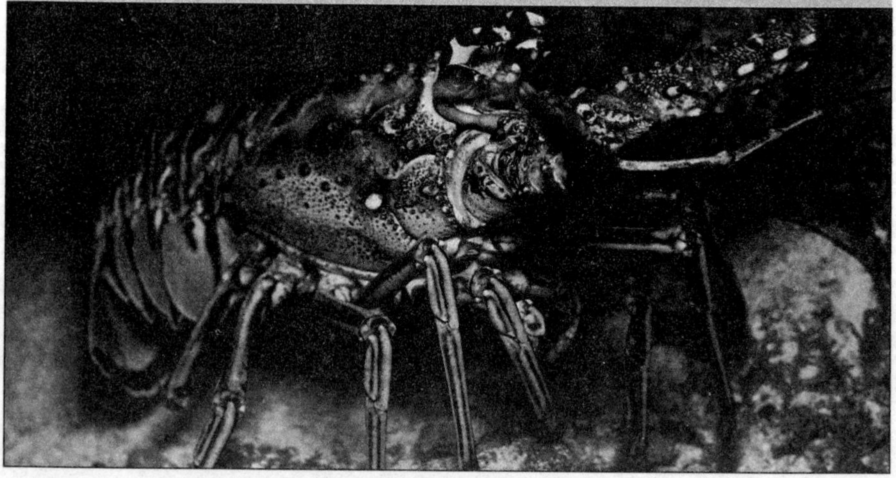

另外，实验证明，列队旅行还能减低能量的消耗，以保证龙虾顺利地抵达目的地。

科学家们认为，研究这一现象和龙虾列队旅行时的间距，对提高各种船队的前进速度、降低燃料消耗将有积极的意义。因为，龙虾行进中保持的间距能使其所受阻力降到最低程度。

虾蟹脱盔换甲的奥秘

我们都知道，由于虾蟹有进攻的武器——发达有力的大螯，也有防卫的工具——披在身上的坚硬盔甲，所以它们在海洋生活中能攻善守，才得以繁衍子孙，万世不绝。

盔甲是虾蟹的骨头，虾蟹从幼年到成年，全身都披着一层几丁质甲壳，里面沉淀着钙盐、蛋白质和甲壳质。盔甲是虾蟹的护身符，通过向外突起的刺、刚毛和棘都富有感觉功能，通过向内深入的突起作肌肉的附着点，可起支持作用。

甲壳长在肉外，实际上是外骨骼。虾蟹甲壳的颜色并不鲜艳，只有热带海洋中的虾蟹盔甲才有明艳的色彩。同时，无论哪种虾蟹的甲壳在高温下都能析出熔点较高的红色素，所以煮熟的虾总是红色的。

幼年虾蟹换甲很勤，而且虾蟹盔甲软而薄，被人们称为皮或皮壳。但随着生长发育，盔甲逐渐变硬，才成为真正的壳。幼年虾蟹的体形容貌与父母大不一样，随着盔甲的更新，它们在生长发育过程中模样不断变化，每改变一次模样就要换一件盔甲。

对虾要换 26 件盔甲，才能变成父母的模样。那些小对虾更换盔甲的次数相当频繁，每件盔甲穿戴的时间短的只有半天，长的也不过两三天。毛蟹和青蟹则换得较少，但从幼年到成年，也要换 6 件盔甲才行。

蜕皮后虾体变软，可吸收很多的水分到体内，身体就胀大了。进食长肉后，虾壳却逐渐变硬，长出的肉把原来吸入的水分一点点挤了出去，等把吸进的水全部挤出以后，虾就又要蜕壳换上一个更大的壳了。为使自己蜕皮更轻松些，虾在蜕皮前先把盔甲中的钙、磷等物质吸收到肉体中去，等脱掉旧壳后，再将钙、磷输送到新的盔甲中。

虾蟹生长全靠脱盔换甲来实现。它们在脱去外壳时，往往连同胃、鳃、后肠甚至坚硬的大颚和胃中的齿板等也要脱旧换新。幼虾常常是在夜间换盔甲，它们换甲时动作敏捷，时间短促，只需全身伸展几次，向后弹跳一下就脱去了旧甲。但如果受到惊扰，虾蟹在脱卸旧甲时就会很困难，体质弱的还会遇到危险。在换甲时或换后新甲尚未硬化时，如遇敌害或同类强手的进攻，它们无力保护自己，就会有生命危险了。

谁是海洋中最大的寄居蟹

椰子蟹是一种奇特有趣的海洋动物，是生长在热带太平洋和印度洋许多珊瑚岛上的一类与众不同的寄居蟹。由于它鳃腔内壁长着多丛血管，可以帮助呼吸，所以它能长期栖息在珊瑚岛上，但它并不经常生活在海洋里，只是到了繁殖季节才回到海洋里产卵。它生下来的幼体在海洋中生长发育成熟后便又爬上岸来生活。在寄居蟹的家族中，椰子蟹个头最大，体长可达30厘米左右，重量可达3千克，它的巨螯能轻易地钳断人的手指。

寄居蟹实际上属歪尾类，特别适应住在死掉的海螺壳里，它们身体前部分有硬足，尾部柔软而旋向中心，通常朝右旋，以适应螺的螺旋腔室，腹部已几乎失去所有游泳

海洋中的寄居蟹

足及尾等附肢，但在尾端保持一对钩形的足，以便藏身于空壳内。寄居蟹除了寄居在海产螺壳里之外，还有别的“宿舍”，如竹节、碎椰子壳、珊瑚、海绵甚至木筒等等。椰子蟹与众不同，身体不呈螺旋形，也不住在螺壳里。它自己动手，在沙土或树根等地方寻找或挖掘洞穴，所以个子长得大而结实。它除捕食的蟹钳一大一小外，身体还是对称的。

椰子蟹怕强光，因而白天都蹲在洞穴里休息，夜间才外出游览和觅食。顾名思义，椰子蟹会吃椰子，它能轻而易举地爬上高树剪下椰子，并凿开壳而吃椰子肉。但椰子肉不是它唯一的食物，它的食性很杂，几乎各种有机物它都能吃，当它在饥饿的时候，不论是植物的果实、叶子，还是腐败的动物尸体，甚至连小于自己的同类，它都吃，真是“贪食无厌”，所以得了个“强盗蟹”的别号。

椰子蟹肉味鲜美，腹部脂肪多，营养丰富，尤其是它的8只足，味道像龙虾的尾巴一样，又独具椰香味。因此，椰子蟹除被生物学家作研究对象外，近年来更登上了大雅之堂，成为名贵海鲜佳肴而受到人们的青睐。

为什么说海绵是多姿多彩的

你知道海洋中海绵的种类有多少种吗？海绵至今已发展到1万多种了，占海洋动物种类的十五分之一，是一个庞大的“家族”。可以这么说，在海洋各处均有它们的身影：从潮间带到深海，从热带海洋到南极冰海都有分布。

海绵的形状多种多样，有的像管子，有的像瓶子，有的像球体，有的像扇子，奇形怪状。它的颜色也美丽多彩，有鲜红色的，有银灰色的，也有白色的。它的个体大小相差很大，小的只有几毫米，大的

美丽的海绵

则达十几米。

据文献记载：最大的海绵是杯状海绵，它产于加勒比海和美国佛罗里达州外海海域，高约 1 米。印度尼西亚产的海神杯海绵高达 1.22 米。1909 年，有人从巴哈马群岛外捕捞到一只羊毛海绵，它的周长有 1.83 米，刚捞起来的时候重 40 千克，晒干后，除去多余的东西，还有 5.5 千克，现保存在美国华盛顿州斯密生博物馆内。而最小的海绵，它的名字叫扇形白枝海绵，它的成年个体只有 2.8 毫米高，两只这种海绵加起来还没有 1 粒米长呢！

从形态上看，海绵更是千姿百态，有扁状群体的白枝海绵，有圆筒形单体的樽海绵，有形象逼真的枇杷海绵，有宛如杯盏的水杯海绵。矮柏海绵好似一串精巧的灯笼，而偕老同穴海绵又被称为“维纳斯花篮”。

在近岸生活的海绵动物，通常都喜欢包在岩石上，好似薄的茄皮或姜皮；而生活在浪大流急环境中的海绵，又多呈流线型的土墩形；在缓流或风平浪静的海域中栖居的海绵们，体形又状似高耸的烟囱。

第五章 神秘莫测的海洋世界

蔚蓝色的海洋是不断为人类奉献礼物的一大宝库，也是经常给人类带来惊奇的神奇世界。多年以来，大洋之中频繁出现的咄咄怪事，始终令人困惑，而海底世界屡屡发生的神秘现象也始终令人惊奇。那么，海洋中是否真有另一种文明存在？海洋生物是否真有另一种智慧生命？迄今，人类对种种神秘莫测的海洋现象虽然进行了大量的勘察与探寻，却仍没有找到确切的答案。

第一节　壮丽神奇的海洋奇观

海底平顶山

海底平顶山又称“盖奥特”。盖奥特这一称谓是发现海底平顶山的美国海洋地质学家H.赫斯于1942年10月为纪念他的瑞士地理老师而命名的。海底平顶山是位于大洋底部呈孤立分布的、顶部截平的、高出海底很大高度的圆锥形体。它的基底往往是过去的火山，上部是珊瑚礁体，礁体厚度可达1500米。

海底平顶山

平顶山大多分布在太平洋中，如瓦列里厄海底平顶山、约翰逊角海底平顶山、赫斯海底平顶山、林恩海底平顶山等。

你知道吗

海底平顶山的发现

第二次世界大战期间，为了适应海战的要求，需要摸清海底的情况，便于军舰潜艇活动。美国科学家普林顿大学教授H.赫斯当时在“约翰逊”号任船长，接受了美国军方的命令，负责调查太平洋洋底的情况。他带领了全舰官兵，利用回声测深仪，对太平洋海底进行了详细的调查，发现了数量众多的海底山，它们或是孤立的山峰，或是山峰群，大多数呈队列式排列着。这是由于裂谷缝隙中喷溢而出的火山熔岩形成的。这是人类首次发现海底平顶山，赫斯称它为“海滩”。1946年，赫斯正式命名位于200米深的平顶山为“盖奥特”。

海平面下的这些平顶山，就好像有一个天神抡起一把板斧，一斧下去，把山尖削了去。从外形看，平顶山是一个上小下大的锥状体。平顶的直径一般在5000～9000米，而基座为1万～2万米。从山顶到半山腰较陡，而从半山腰往下坡度变缓，呈逐级阶梯下降趋势。在世界各大洋中，太平洋中的平顶山最多，已经得到证实的就有150多个。在太平洋的阿留申海沟附近，离海面2700米的深处有一群平顶山；在马绍尔群岛，离海面1200～2200米处也有一群平顶山。太平洋中部的海山，距离海面多为1500米左右，而阿拉斯加附近的平顶山离海面只有四五百米。

对于平顶山的形成，可以分两方面加以解释：首先要解释平顶山锥的形成问题。一般认为海底平顶山是海底火山喷出物堆积的结果，也就是说，它们个个都是海底火山喷发形成的火山锥。这点已经得到证实。人们在平顶山找到了大量火山喷发岩——玄武岩。其次，要解释山锥平顶的由来。这个问题比较复杂，有多种说法。

按照最早发现海洋平顶山的赫斯的说法，原来平顶山是露出海面的火山岛，后来由于海水长时间的侵蚀，山头部分被“削”平，才形成今天的平顶山。为这个论点提供强有力证据的是，有人在平顶山顶部找到了一些磨圆度很好的玄武岩砾石。这些砾石的存在，说明平顶山曾经在一段时间里接近海面，受到过海浪的洗礼。因为，假如海浪能对碎石起到磨蚀作用，当时的海深顶多只有一二十米。而今天的平顶山顶已经在海下好几百米，甚至达1000米以上。在这个深度，海浪是无论如何也不会起到什么作用的。科学家们估计，在海浪对火山岩石进行磨圆的同时，也把火山的尖顶削平了。

玄武岩砾石

另外一种说法是，平顶山的“平顶”是当年火山喷发后形成的火山口，由于当时火山口接近海平面，使大量珊瑚在四周繁衍，形成环礁。在漫长的地质历史中，死亡的珊瑚大量堆积在火山口一带，使火山口变平，最后形成了平顶山。

这两种解释孰对孰错，人们还没有达成共识。即使是第一种被大家比较容易接受的看法，后来也受到了严重的挑战。因为有人在调查平顶山的时候，意外发现山顶上的岩石比山脚下的岩石年龄要老得多。这就难坏了科学家们，因为按照地质学的基本规律，既然平顶山是多次海底火山喷发堆积形成的，那么，早期喷发物必然埋在山下，而较新的喷发物必然出现在山顶。

不管平顶山的成因如何，现在它都正日益受到人们的重视。渔民在远洋捕捞作业时，经常发现凡是平顶山所在的海区，多数都是鱼类成群的地方。这是因为，受海下突出地形的影响，海流在这里往往形成一股很强的上升流，上升流从海底带来大量有机质，是鱼儿极好的饵料。

海底平顶山是鱼儿成群的地方

海底烟囱

20世纪70年代以来，工业化生产一直保持迅猛发展势头，能源消耗连年递增，发达国家高耸入云的大烟囱夜以继日地喷涌着浓重的烟尘。对陆地有限的自然资源连续多年大规模机械化采掘和源源不断地燃烧已使其贮量日趋枯竭，为此世界各国纷纷将人类未来资源的希望倾注于海洋，并开始了海底探矿寻宝的热潮。自1977年10月美国伍兹霍尔海洋研究所所属深海潜艇“阿尔文”号在加拉帕戈斯群岛海域率先发现海底热泉生态区以来，海洋学家又先后在墨西哥西部沿海以北的北纬10°海底和北纬21°的胡安·德富卡海隆下勘察到大规模热泉区，并分别进行过数次综合考察。胡安·德富卡海底热泉区中拥有多处喷涌升腾矿物质的黑烟囱。这些奇异的自然景观引起了科学家极大的兴趣和关注。

距西雅图以西483千米处的太平洋海下，胡安·德富卡板块不断与太平洋板块碰撞，因此造成沿胡安·德富卡海隆海底地层出现坼裂和扩张，地球内部源源不绝喷涌而出的熔岩冷却固着成新的海底地壳，还将古老的海床置于其下并取而代之。海水在地心引力作用下倾泻深入地裂中，同时形成海底环流将熔岩中大量的热能和矿物质携带和释放出来。当炽热的海水再度喷射到裂缝上冰冷的海水中，其中的矿物质被溶解并形成一缕缕漆黑的烟雾。矿物质遇冷收缩最终沉积成烟囱状堆积物，地裂中的热液顺烟道喷涌而出，形成景致奇异、妙趣横生的海底热泉。

景致奇异的海底热泉

加利福尼亚州蒙特雷水族生物研究所海洋地质学家德布拉·斯特克斯确悉，海底黑烟囱的构筑绝非仅仅是地质构造活动的结果。其中神奇莫测的热泉生物建筑师的艰辛劳作也功不可没，在热泉口周围拥聚生息着种类繁多蠕虫，其中管足蠕虫独具特色的生存行为特别引人注目。斯特克斯和助手特里·库克发现这些底栖生物在营造烟囱中起着至关重要的作用。

为查明黑烟囱的矿物成分，斯特克斯从3座黑烟囱内采集了部分岩心，经潜心研究后才揭示了其中奥秘。他们发现岩心上布满了含有硫酸钡亦称重晶石的凹陷管状深孔，研究人员确认这些管状孔穴是蠕虫长期生存行为的结果。鉴于热泉口旁蠕虫遍布，因此尚难断定究竟哪些蠕虫擅长打洞筑巢。

从管洞外形来看极有可能是活跃的、喜迁居的管足蠕虫长期挖掘作业的产物。解剖分析表明，管足蠕虫内脏中的细菌可从热液所含亚硫酸氢盐中获取氢原子维持生命，细菌还可把海水中的氢、氧和碳有机地转化生成碳水化合物，为蠕虫提供生存所需的食物。这种化学反应的结果遗留下硫元素，蠕虫排泄的硫又促使海水中的钡和硫酸发生催化反应。长此以往，蠕虫死后便在熔岩中遗留下管状重晶石穴坑。

斯特克斯推测一座座海底烟囱演化生成过程可能在蠕虫聚集热泉口周围就早已开始了，胡安·德富卡海隆下蠕虫建筑师精心创造的自然奇观令人叹为观止。它们开凿的洞穴息息相通犹如礁岩迷宫，从而使热液将矿物质源源不断地输送上来并堆砌烟道。当黑烟囱在热泉周围落成后，熔岩上深邃的管状洞口穴就成为矿物热液外流的通道，从而形成海底黑烟热泉奇观，直到通道自身被矿物结晶体堵塞才告停息。从多处海底热泉采样分析来看，矿产资源丰饶，种类繁多。据悉，美国科学家正加紧研制大型深海考察潜艇，并准备对深海热泉进行全面研究，同时向国际社会发出呼吁：要求设立深海热泉自然保护区。

“一呼一吸”妙趣横生

动物的呼吸即是动物将空气中的氧气吸进体内，供它新陈代谢之用，而把新陈代谢的尾产物排出体外。

生活在水中的单细胞动物，如草履虫，靠表面纤毛的摆动与外界交换气体，气体是从细胞表面透入，没有专门的呼吸器官。其他原生、浮游等动物也是采取这种呼吸方式。由多数纤毛细胞构成的群体，它们吸进和排出气体都是用扩散的呼吸

海底烟囱

方式，纤毛细胞相互扩散，传递气体，同时凭借水沟系统使气体流动并扩散。腔肠动物水螅有触手及纤毛,水从口出入体腔时即进行呼吸。扁虫动物中的囊虫的呼吸是导入海水进入肠内,气体就在肠道里交换。

你知道吗

螃蟹是如何呼吸的

螃蟹呼吸时，需要鳃和腿相配合。螃蟹生活在水中时，从螯足的基部吸进新鲜海水，水里溶解的氧就进入鳃的毛细血管，水从鳃流过后由口器的两边吐出。在澳大利亚昆士兰州的海边上，有一种股窗蟹，当它在海滩上匆匆为生计奔忙时，时而会突然停下，抬起腿，像是稍事歇息，又像在谛听什么。其实，它是在用腿进行呼吸。它的腿上长了片薄膜，像是开了扇窗户，可专门用来呼吸，如将其堵上，它就会窒息而死。

水中的棘皮动物与海绵动物相比，它的水管系统更完备，有的种类中已含有赤血球；赤血球内含有红色质，红色质参与血液中的输氧作用。红色质的原始状态为沉淀状态。唇发展成为球体状态，棘皮动物的体壁上有凸出的皮鳃；有人称

无齿蚌

之为外鳃，可认为是最原始的鳃组织。棘皮动物中较为高级的海参，是从它的泄殖腔流入海水到达呼吸树的树壁上进行呼吸的。

动物进一步进化到软体动物，如无齿蚌。无齿蚌就以瓣鳃来呼吸，它的每一片瓣状鳃就是一个呼吸单位。气体的交换就是通过它来进行的。软体动物中数头足纲的呼吸器官较为完备，如乌贼，在外套腔前端两侧有一对羽状鳃，鳃上布满血管和神经，这里是呼吸器官，进行着气体交换；但头足纲中的海蛤蝓等也有用低级形式的肠呼吸的。

我们知道，大多数鱼儿是用鳃呼吸的。鱼的头部两侧生长着两个鳃裂，鳃片是由梳子状整齐排列的鳃丝组成的，鳃丝上密布着红色的微血管。鱼类的嘴一张一合，就把水吞入口中，水经过鳃丝时，上面的微血管就摄取了水中的氧气，同时把二氧化碳排到了水中。鱼类也

有鼻子，但它的鼻子只是一种嗅觉器官，而且不和口腔相通，因此，它的鼻子是不能用来呼吸的。

有些鱼儿除了用鳃呼吸之外，还有辅助呼吸器官，一旦生活环境和生活方式有了变化，它们就启用“辅助呼吸器官”维持生存。

还有些鱼类在海中不同水层采取不同的呼吸方法。鳐鱼扁扁的身子长长的尾巴，活像一把大蒲扇。它的口和外鳃孔长在腹面上。在水中游泳时，它就用口和鳃来呼吸。当它匍匐在海底柔软的泥沙上静卧时，就不能采用这种呼吸方法了，因为这样会把泥沙和水一齐吸入，从而使脆弱的鳃丝阻塞。这时，鳐鱼就得改变呼吸方式，利用背部的喷水孔来呼吸。喷水孔有一个能活动的瓣，它用喷水孔吸水，用鳃孔排水，这样就避免泥沙进入鳃丝了。有一种比目鱼，在水中呼吸时，水从口里进，鳃孔出，当它将吻部露出水面时，水流就从鳃孔进去，然后从口中喷出，好似一座小小的喷水池，水可以喷出 3 厘米高。

海蛇在海水中潜行，所需的 2/3 氧气靠肺部从海面吸足，剩下的 1/3 氧气就要靠皮肤从海水中吸取。海蛇有一个不完全分隔的心室，这与哺乳动物的心脏相比是一种原始特征。在哺乳动物中，血液在周身循环后返回心脏再到肺部进行气体交

鳐鱼

换，摄取氧气后再返回心脏进行第二次体内循环。如果海蛇也采用这种循环方式的话，那么氧气必将很快被消耗完毕。事实上，海蛇的血液绕过肺部压送到皮下毛细血管，这样血液可以从周围海水中吸收氧气，排出二氧化碳和血液中的氮。倘若海蛇不用这种方式排出血液中的氮，当海蛇快速浮出水面时，血液中的氮就会因压力减少而生成气泡，阻碍血液流通，使海蛇患上“潜水病”而死亡。

海底“冰雪”世界

你听说过海洋深处有透明的“冰”与飘浮着的“雪”吗？

经过勘探，海洋科学家在我国南海海底就发现了这种奇怪的“冰”。它透明、无色，外表就像冰块一般，但给它加温，它就可以直接燃烧。科学家们称它为“可燃冰”。

可燃冰的学名叫“天然气(甲烷)水合物”，它是天然气被包进水分子中在海底的低温和高压作用下而形成的透明结晶体。当这种“冰”温度升高时，就开始融化，变成比原来固体体积大100多倍的可燃气体，自然就能直接燃烧了。

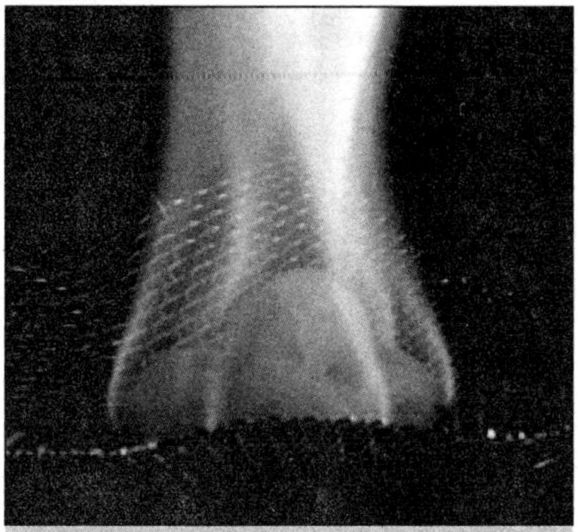
可燃冰燃烧

可燃冰比起石油、天然气来其能量要大得多。1立方米的可燃冰释放出的能量相当于164立方米的天然气。

科学研究证明，可燃冰一般是在气候寒冷、地层温度降低的情况下，由分散在地层内的碳氢化合物不断积聚而形成的。因此，在海底水深300~500米的温度和压力下，都能生成可燃冰；在海底之下500 ~ 1000米的范围内也储存有可燃冰；而南海海底600 ~ 2000米以下的温度与压力，也很适合可燃冰的生成。许多国家为了研究与开发海底气体资源，投入了巨大的资金与人力。2000年，美国拨款数十亿美元研究开发海底气体资源。2001年，由德国、俄罗斯、乌克兰等国的数十名生物学家、化学家、海洋学家和地球物理学家共同组成的“流星号”考察船，前往黑海考察，并探明在加利福尼亚湾与北海、挪威海、鄂霍次克海、爱琴海，均储藏有大量可燃冰，有的海底可燃冰释放区域长达1千米，冰层厚达6米。黑海可燃冰在60～650米深处，有150个可燃冰矿藏，其储量居世界之首。长期从事黑海海底研究的海洋科学家叶戈罗夫曾乘潜水装置到黑海西北部海底，通过照明设备目睹了水下奇观：在226米深处，在平如地板的软泥海底上，坐落着高约3米的珊瑚状堆积物，其中许多物体随着水流方向倾斜，顶端的小孔不时吐着一个个气泡，在小孔周围有一片片厚厚的死菌层，大量的甲烷从这些物体中释放到水中，1平方米的海底，一天一夜约释放13万立方米的气体。他曾在一次考察中，在通过回声探测器测定海底冒出气流的地方放下一个特制的捕集器，从水中分离出甲烷，并在它上面煮过咖啡。

据科学家介绍，全球可燃冰矿藏储量十分可观，它的总能量是所有煤、石油、天然气总和的2~3倍。如果把这些蕴藏在海底的所有冰矿开采出来，可供人类使用6.4万年。这是一笔巨大的财富，而这种工业开采的目标，科学家们正在努力变理想为现实。这样，人类也就不再为未来的能源缺乏而发愁了。

黑海可燃冰在60～650米深处

你知道吗

可燃冰的开采很危险

天然可燃冰呈固态，不会像石油开采那样自喷流出。如果把它从海底一块块搬出，在从海底到海面的运送过程中，甲烷就会挥发殆尽，同时还会给大气造成巨大危害。为了获取这种清洁能源，世界许多国家都在研究天然可燃冰的开采方法。科学家们认为，一旦开采技术获得突破性进展，那么可燃冰立刻会成为21世纪的主要能源。相反，如果开采不当，后果绝对是灾难性的。所以，可燃冰的开发利用就像一柄“双刃剑”，需要小心对待。

看完了海底的“冰”，我们再了解一下海底的“雪花”。当潜艇钻进漆黑的北冰洋海底时，在探照灯的灯光照耀下,一幅奇妙的“雪景”便出现了：无数的“雪花”成串成串地在海水中飞舞，此情此景，与北冰洋上空下的雪没有什么两样。

当然，这些“雪”不是天空中下的那种雪。它是“海雪”，是大量的生物死亡后分解的碎屑，大陆水流携带的各种各样、大大小小的颗粒形成的絮状物。它们在海水中相互碰撞着，像滚雪球一样，越滚越大,形成悬浮物,在海水中漂浮着、飞舞着，只是不像雪花那样晶莹、洁白罢了。“海雪”奇观是海水中光学作用所造成的结果。

猛烈的海底风暴

我们经常看到海面平静如镜，但是海底并不平静，各种激流常在海底兴风作浪而形成凶猛的风暴潮，虽然这种暴发的海底风暴是在部分海底存在，但它却十分强烈，破坏力甚大，在北大西洋和南极洲尤为常见。

海洋科学家们乘坐全封闭的深潜器下潜至五六千米的深海海底观察海底风暴的情景，在海底风暴袭来时，所经之处，无论是底栖生物还是礁石，都被掩埋在沉积层下。海底风暴还导致海底“尘暴”发生，在海底“尘暴”中，海底摄像机连1米远的地方也看不清。在3海里深的海域发生的海底风暴，可推动海水以每小时1海里的速度前进。

科学家们对海底风暴作了更深入的考察与观测，发现海底一旦发生风暴，海水便以高达每秒50厘米的速度流动着。在一些海域，这种风暴每年要发生5 ~ 10次。最凶猛的海底风暴的破坏力，相当于风速160千米每小时的风暴所造成的破坏(根据通常计算，风速超过120千米/小时，便可称之为飓风)。

海底为何会发生风暴，并使海底的水浑浊不堪？科学家们在诺瓦斯科特亚南部海域进行了一次科学考察，他们采集了海底水样，拍摄了海底照片，测量了海水透明度，并在海底设置了一连串的自记海流计，对海底进行了长时间的连续测量，发现海水浑浊程度随地点、时间变化而不同，愈靠近海底，海水浑浊变化愈大，但过了一段时间又突然变得清晰起来。实验结果表明，这是由于一股潜流在海底滚滚奔腾而造成的。

人们知道，海底风暴是在一些海洋和大气现象的能量积聚到一定程度，足以产生海底“飓风”时暴发的，首先出现的是漩涡，即大面积的连续不断呈螺旋状的旋动。科学家们应用地球卫星和海水流量记录仪表对不同深度的海域进行探测发现，有些海区的海面漩涡可以一直传到海底。例如，从塔拉哈西海域的观测记录中可以看出，海面的漩涡引起的水流沿着一个垂直面向不同的深度延伸，直至海底。漩涡只在海面或接近海面的水域旋动，怎会波及并搅动数海里深的海底海水呢？科学家霍利斯特对从海底取出的泥状岩芯样品进行了检测，发现岩芯底层有波纹状结构，而上层则是较年轻的沉积物。因此他认为

海底风暴引起的巨浪

海底漩涡

这些波纹状结构是远古时期海水高速流动时划在泥土上的痕迹。由于各处海洋均有漩涡存在，当漩涡带动深海海水朝某一方向运动时，一些洋流也朝这一方向流动，这样，洋流与漩涡诱发的激流便融为一体而形成迅猛的洋流。如此时大气风暴降临某一海域，便会与洋流、漩涡融合而成的洋流相结合，进而形成海底风暴。

海底洞穴探奇

在浩瀚无际的大海海底，到处都有神秘的洞穴。它们有的幽静、深邃，在那里栖身的海底生物令人恐怖；有的激流汹涌、永不停歇，犹如陆地上的地下河流；有的喷出股股水流，夹杂着泥沙冒出。然而，勇敢而好奇的探险者，很早就对海底洞穴探险产生了浓厚的兴趣。

海底洞穴存在着许多不解之谜。印度洋的“无底洞”位于印度洋北部海域，半径约 3 海里。印度洋的洋流属于典型的季风洋流，受热带季风影响，一年有两次流向相反的洋流。夏季盛行西南季风，海水由西向东顺时针流动，冬季则刚好相反。“无底洞”海域不受这些变化的影响，几乎呈无洋流的静止状态。1992 年 8 月，装备有先进探测仪器的澳大利亚“哥伦布号”科学考察船，在印度洋北部海域进行科学考察。他们认为“无底洞”可能是个尚未被认识的海洋“黑洞”。根据海水振动频率低且波长较长的特点，“黑洞”可能存在着一个由中心向外辐射的巨大引力场，但这仍有待于进一步的科学考察来验证。

无独有偶，在地中海东部希腊克法利尼亚岛附近的麦奥尼亚海域，有一个许多世纪以来一直在吸纳着大量海水的“无底洞”。据估计，每天失踪于这个“无底洞”里的海水竟有3万吨之多。为了揭开其秘密，美国地理学会曾派遣一支考察队去那里进行科学考察。科学家们把一种经久不变的深色染料溶解在海水中，观察染料是如何随海水一起沉下去的。接着，又察看了附近的海面以及岛上的各条河、各面湖，希望能发现这种染料的踪迹和同染料在一起的那股神秘的水流。然而这些实验毫无结果。第二年，科学家们又进行了新的试验。他们用玫瑰色的塑料小粒给海水做了“记号”。这些东西既不会溶解于水中，也不会完全沉下去，因为它们的密度是各不相同的，分别具有与海水、河水相同的密度以及中间密度。他们把质量130千克的这种负有特殊使命的物质,统统掷入打旋的海水里。一会儿，所有的塑料小粒就被旋转的海水聚成一个整体，全部被无底深渊所吞没。科学家们对这次试验寄予了极大的希望，他们渴望能把秘密揭穿，哪怕能在附近找到一粒玫瑰色的塑料也好。然而，他们的计划仍然落空了。至今，谁也不知道为什么这里的海水竟然会没完没了地“漏”下去，这个“无底洞”的出口又在哪里，每天大量的海水究竟流到哪里去了。

海底洞穴

在西班牙沿岸的维林西亚海湾，有一海底洞穴。潜水员马纽尔·西里维亚和他的法国朋友瑞尼·比诺宜特等人一起来此进行潜水探险工作。一天黎明，他们来到冰凉的低潮海水中潜入时，同时发现这处仿佛有一股粉白色的探照灯灯光从岩礁前边照射出来。于是，他们就游到那里看个究竟。经过仔细观察，他们发现这股强烈的灯光是从水下的一个洞口处射出来的，这个洞口通向一个狭长的岩洞。他们为了探索这个“百步九折萦岩峦”的洞穴，艰难地潜游了半个多小时，突然间粉白色的灯光不见了，他们完全沉陷在茫茫的黑暗之中，只好掉头慢慢游回原来的地方升上海面。第二天上午 9 点后，两名潜水员又来到岩洞的洞口进行考察，可这次再也没有看到灯光从洞口射出来了。他们分头游找了很长时间也没有看到灯光，只好又扫兴而归。他们在想：难道这个海底洞穴是一个神秘的幻境吗？他们一连数天在讨论研究着这个洞穴之谜，最后决定还按照发现粉白色灯光的那个黎明的时间再次去探索，于是选了第二天黎明潜入海底。果然，粉白色灯光从远处闪耀着，他们迅速朝灯光方向游去，但到了岩洞口灯光却又消失了。为了弄个明白，他们像登山运动员那样用尼龙绳子拴着身体，顺着洞口爬进洞底，虽然岩洞深处十分明亮，但找不到灯光的出处。经过一段长时间的考察，终于找到答案：他们精确地测量了海水深度、太阳在早晨升起时的角度，尤其是他们在 10 月份时精心观测了朝阳照射的倾角。这个倾角只有 10 月份时才能到达海水的表面而射入岩洞的洞口，大量的光线组成了光束射向洞内，便形成了粉白色的阳光反射。这种自然现象既是海洋光学研究的对象，也是海洋地质学研究的课题。

在一些海底洞穴中，不仅有千姿百态的钟乳石和巍峨挺拔的石林，还发现有古象胫骨、古鲨鱼牙齿以及旧石器时代人类使用的投掷标枪等史前遗物。1975 年，美国海洋学家们在墨西哥湾那不勒斯附近的海底洞穴的峡谷中发现了一片淡水泉眼，在矿泉附近一堆 10 多米厚的沉积物中挖出了一个远古人类的下颌骨，在一块质量 7 吨左右的圆石底下还找到一块钟乳石，在钟乳石上的沉积物中有一堆古代人类的遗骨残骸。据他们分析，这里很可能是古代葬场的遗址，近处还有一块质量达 20 吨的大块钟乳石，它横卧在岩洞深处的海底。洞穴学家与考古学家采集了许多标本带回实验室，同时使用放射性碳元素进行鉴定分析，确信这些人类骨骼残骸是属于生活在美洲当地的远古人类。他们生活的年代距今已有 1 万多年的历史 (约公元前 6000 年至公元前 8360 年)，而这些巨大的钟乳石的地质年代就更为久远了。

海底钟乳石

你知道吗

象化石的发现

最近，考古学家在海底洞穴中发现一只粗大的古象胫骨，根据使用放射性碳元素进行的鉴定证明，这是距今已有6000万至100万年第三纪时生活在陆地上的巨大乳齿象的胫骨。不久，潜水员在洞穴中又找到5亿年至2250万年前古生代巨大长毛象的一枚白齿、两枚较小的乳齿象的牙齿和一枚粗大的乳齿象的弧形门齿。这些稀有的史前遗物甚至已经在地球深处沉睡了几亿年。

此外，潜水员还在海底洞穴中发现旧石器时代人类使用过的投掷标枪，它的前端绑扎着骨制的尖钩，后端是标枪的托把，标枪中间绑着一块坠重和控制方向的石块。显然，它是用于打猎和捕鱼的。

充满着神秘、幽深、神话般的海底洞穴世界，引起勇敢、好奇的探险者们的浓厚兴趣，随着科学技术的进步与发展，如今，西方一些国家还把海底洞穴探险作为一项运动。由于它的刺激性、冒险性而吸引着探险者们。

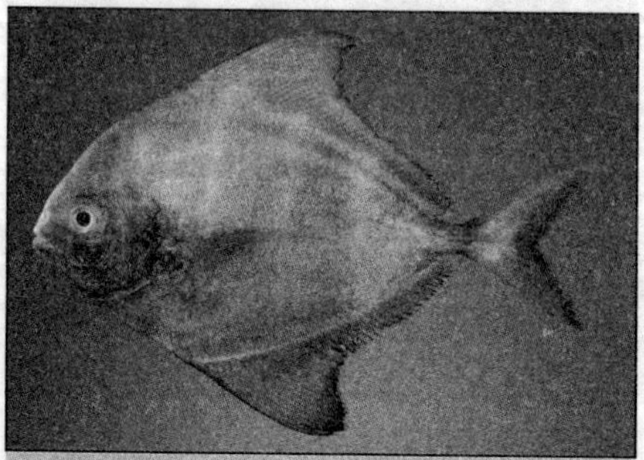

扁鲹鱼

“生物钟”在水下响起

人的生活一旦形成规律之后，就寝、起床……不看表也基本守时，这是人体“生物钟”在起作用。水生家族也有“生物钟”，它们在日常生活中守时循规，留下了许多佳话。

斯堪的纳维亚半岛有一种扁鲹鱼，它的生活就十分守时。每天早晨，它们成群结队从海峡的这边游到那边，在对岸休息一夜之后，又一起成群结队地返回出发地。不管刮风下雨，掀波起浪，扁鲹鱼都守时往返，从未间断。

扁鲹鱼这一习惯被一些有识之士利用，并逐渐形成了一种专门的通信方法——鱼邮。每天早晨，人们将装有信件的防水密封邮件放在海水中，让扁鲹鱼用脑袋顶到对岸。第二天，扁鲹鱼又将对岸的邮件同样地顶回来。这样周而复始，鱼儿就成了“邮递员”。

在中国沿海的沙滩上，有一种

小蟹，个头不大，却生着一只大螯，渔民管它叫“招潮蟹”。它的生活与潮汐密切相关。通常，它是在落潮时出来活动，四处觅食，潮水一来，它们就匆忙进洞栖息起来，还用土块、石头或那只大螯把洞口挡住。

令人惊异的是，招潮蟹不论从事什么活动，都会在潮水到来之前10分钟停止活动，迅速回家。而且，它们还能根据昼夜变化改变自己的体色：白天变深，晚上变浅，天一亮又变深。正如潮汐涨落的时间每天都往后推迟50分钟一样，招潮蟹的体色变得最深的时间每天也向后推迟50分钟。

招潮蟹为什么能这样准确地掌握时间？为了解开这个谜，科学家把从海边捉到的招潮蟹放到漆黑的实验室中，让它们远离海岸，无法看到潮汐和昼夜变化。可是，几个星期过后，它们体色最暗的时间依然是每天向后推迟50分钟。有意思的是，不同地方的招潮蟹改变自己体色的时间也各不相同。生活在美国大西洋沿岸马撒葡萄园岛上的招潮蟹，改变体色的时间要比科德角海滩上的招潮蟹晚4个小时。这是为什么呢？因为这两地存在时差，而招潮蟹的“生物钟”，是按照所在地的时间表调整的。

招潮蟹

住在海边的人们都会看到，每当涨潮时，海滩上的蛤蜊、牡蛎、贻贝等海洋生物便都欣欣然张开自己的贝壳，迎接潮水的到来。一旦潮水退去，把它们暴露在沙滩上时，它们便会紧紧地闭上两扇“大门”。如果你把牡蛎从海边拿到实验室，使它们远离大海，它们的活动规律仍然会保持潮汐的节律。

人们还发现，许多海洋动物的生殖活动，与月亮的运动规律有着密切的关系。

在美国加利福尼亚沿岸，有一种棘鳍鱼，它们总是利用月圆后的一次大潮，乘着高潮时的海浪冲上海滩。然后，它们经过忸怩的求爱动作，双双配成夫妻，开始生儿育女。那些受精卵就在海滩中发育成长，等待着半个月后的下一次大潮，以便再随退潮回到大海中去。

印度洋圣诞岛被称为“红蟹王国”，岛上有成万上亿只红蟹。每

红蟹

年晚春，当雨季到来的时候，红蟹便开始了例行的“生殖大迁移”。从森林到海滩的道路上，到处是成群结队的红蟹在爬行，像一股巨大的红潮在流动。

红蟹迁移时很有规律，大个的雄蟹任开路先锋，接着是庞大的雌蟹队伍，小蟹和幼蟹充任后卫。这浩浩荡荡的红蟹队伍一边行军，一边当“清洁工”，把路上的落叶、落果和凋谢的花朵乃至死鸟死尸，吃得干干净净。有人甚至看到过一只红蟹还夹咬一个冒烟的烟蒂呢！

大雄蟹5~7天能抵达海边。一到海滩，它们便泡在海中，迅速补充长途跋涉中损失掉的水分和盐分，接着，便在海滩上挖洞建造新房。一天之后，雌蟹也赶到了。短短的“洞房之夜”后，雄蟹便在海水中再浸泡一次，恋恋不舍地踏上了艰苦的归程。12天后，大腹便便的雌蟹走出洞房到海里产下幼蟹后，也踏上了漫长的归途。小蟹长到5毫米宽时，便告别海洋，向父母的居住地——大森林爬去。

科学家观察发现，红蟹产卵迁移的时间与月亮的周期有关。几年中，他们将历次红蟹迁移的时间与月亮周期比较，找出了规律：在海滩上看到红蟹孵出幼蟹时，肯定是下弦月的三天中。

水生家族的“生物钟”安装在身体什么部位呢？最初人们认为“生物钟”一定存在于动物的大脑里，

因为大脑支配全身的活动。可是，许多证据表明，单细胞生物也有“生物钟”。如海洋中的单细胞藻类能准确地按照一定的时间规律进行光合作用。有人把动物的心脏细胞分离出来，发现它们仍有24小时周期性运动节律。这说明，“生物钟”存在于细胞中。

科学家发现，某些动物的“生物钟”可以存在于身体的某一部分中。例如，绿海蟹的“生物钟”之谜可以通过其眼柄的功能加以揭示。我们知道，海蟹的眼睛长在一对肉柄上，也就是头部两个小小的突起。当生物学家把海蟹的眼柄摘除后，它原来的运动节律便终止了。这是为什么呢？是不是由于海蟹失去了视觉的缘故？人们又做了一个试验，摘除了海蟹眼柄末梢的视网膜，而保留眼柄，发现海蟹仍然保持原来的运动节律。这说明它的眼柄起着控制生物体运动节律的作用。它是通过眼柄分泌出来的一种激素，达到控制运动节律的目的。这种激素可以说是“生物钟”的“钟摆”。

神秘的海底史前画

海底充满着美妙与神奇，一幅幅美不胜收的图景出现在海洋深处。一位潜水员叙述在加拉帕戈斯群岛

绿海蟹

的海底景象时说，热泉喷口周围长满红嘴虫，短颚蟹在盲目地爬行，大得异乎寻常的褐色贻贝、海葵像群花一样在怒放，奇异的蒲公英状的管孔虫用丝把自己系留在喷泉旁，血红色的蠕虫用无数的触须在贪婪地吸取着水中的氧气和微小的食物颗粒，海底珊瑚更以其瑰丽的色彩、形态，展现着自己独特的风姿与美丽……单以海底这些生物群落来说，就足以使人眼花缭乱了。

为了逼真地描绘海底世界的美景，比利时画家杰米穿上系有质量13.5千克铅的潜水衣，潜入5.5米深的地中海海底，在这片由海底植物、珊瑚塔和鱼类组成的世界里，杰米用特别的加重画架、合成纤维帆布以及颜料等画具，先后描绘了约370幅海底图画。他被人们称为世界上一流的海底画家。

然而，令世人震惊的还不只是画家潜入海底绘画，而是在海底就藏匿着绘就的壁画，它们都是在距今万年前绘成的，这是在法国摩休粤海底发现的。这些史前的壁画是谁绘出的？它们为什么深藏在海底？人们不禁对发现这些壁画的经过产生了浓厚的兴趣。

1989年，法国马赛市的一位潜水员库斯奎在地中海摩休粤的一处

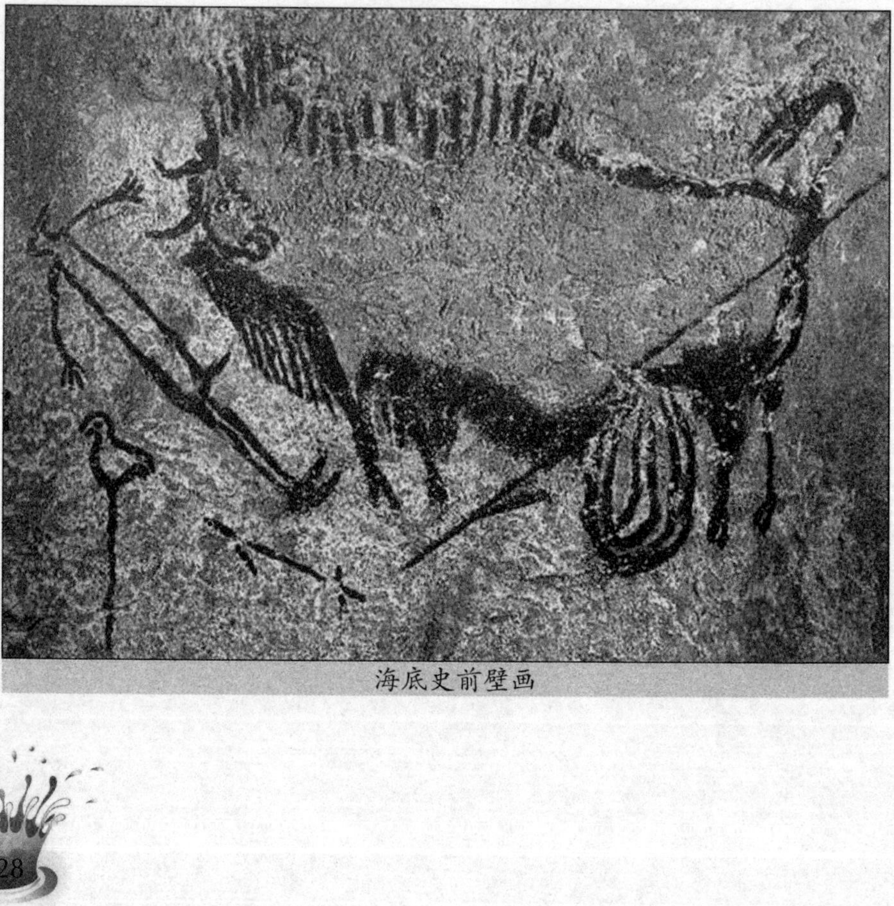

海底史前壁画

岩崩遗址下，偶然发现水下有一黑洞，它距海面约40米。库斯奎壮着胆子，小心翼翼地潜入洞中。他穿过洞口周围密密丛丛的珊瑚和海扇，向前探索着，在前进了大约50米后，洞道便变宽了，浑浊的海水在四处弥漫，洞穴更显得黑暗了。这位有经验的潜水员感到洞穴深不可测，便只好先撤回来。第二天早晨，他又出发了，并改变了探索的方式，他穿过岩缝，深入到水下150米的地方，半小时后，他便把头露出水面环视四周，发现自己是在一堵峭壁的旁边，水深仅及腰际，展现在眼前的竟是色彩斑斓的洞壁，白色、蓝色、赭色相互交杂着，笋石、钟乳石如林，还有宏伟的石灰岩柱。这一神奇的发现令他惊讶不已。库斯奎多么想再深入洞穴中去看个究竟，无奈氧气已不多，只好改日再来。

奔马图

1990年7月9日，库斯奎再次下潜，并进入这一洞窟中，同去的还有3位潜水员，他们都是有经验的潜水协会的会员。这次，他们还携带了袖珍灯、放光灯、防水摄影机等海底器材。他们沿着通道摸索着下潜，进入又深又黑的洞窟后，便把袖珍灯放在一块大石上，在灯光的照射下，漆黑的洞壁上赫然出现了几十幅美妙的壁画，其中有横排的小黑马图、巨角的山羊图、雄鹿图、奔马图、大野牛与猫的头部图以及企鹅图、野牛图、羚羊图、海豹图和一些手掌印，还有许多怪异的几何符号。他们急忙掏出防水摄影机，把这些壁画一一摄录下来，满载而归。

他们寻思着：这些难以置信的海底壁画是从哪里来的？于是他们查阅了很多考古书籍，也没能找到答案。他们决定尽可能多地搜集资料后，再向海事局报告。1990年9月1日，一件惨案发生了，有些人竟仿效库斯奎等人进洞探险的举动，却因准备不足，洞黑如漆，结果撞在岩壁上而丧生。

库斯奎等人想，再也不能等待了，便大踏步地走进摩休粤湾海事局马赛办事处，报告他们发现海底壁画的经过，以期引起注意，并防止同样惨剧的再次发生。最初，海事局的官员们并不相信，因为物证只有几张照片，幸而有两位专家认为这是可能的。这两位专家一位是海底考古研究部的调查员兼岩石艺术国际委员会主席克思德，另一位是全国科学研究所的研究组主任、史前研究权威库尔丹，他们在海底曾发现旧石器时代的遗骨、燧石、木炭。他们知道海底有许多洞穴，在几万年前原是人类的居所，后来由于地壳下沉被海水淹没了。为慎重起见，法国文化部决定先派专家到现场勘察和证实该处是否是旧石器时代的居所。

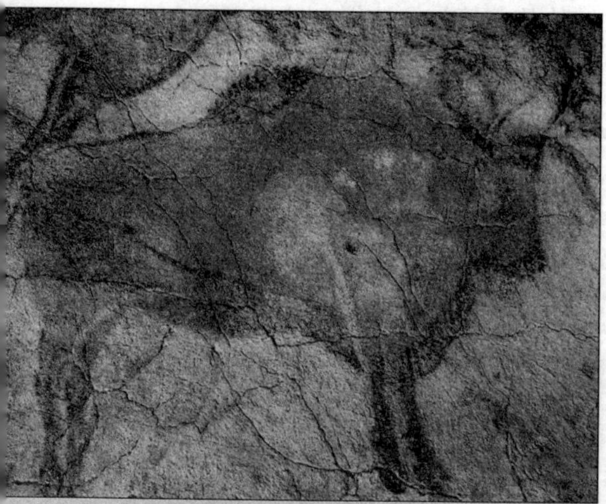

史前壁画——野牛

1991 年 9 月 19 日，由海军调派的考古研究船驶至洞穴上方，船上有蛙人、专家和海军扫雷人员。库斯奎与一名海底专家先潜入洞穴把挂着灯的标志线拉好，而后他与库尔丹一起潜入洞穴尽头。当他俩冒出水面，扭亮强力泛光灯照亮洞壁四周时，景象完全与库斯奎所描述的情景与拍摄的照片一样。这时，库尔丹惊叹道："我从未见到过这样的图画与美景！"

鉴定工作进行了 4 天，并经实验室测定证明：马、野牛、山羊等壁画和雕刻，全都是旧石器时代的特征，是按照史前艺术的惯例绘制出来的。绘画的炭是用挪威松和黑松烧成的，这两种松原来在这一带沿岸生长着。显微镜观察还发现采回的泥土样本里含有当时地中海沿岸生长的赤杨和花粉的化石。专家们确认这个洞穴是古人类举行宗教仪式的圣所，洞内没有工具、箭头、兽骨等遗物，说明人类栖居在洞外，洞壁的画就像现代教堂中的圣像和十字架，供人瞻仰、膜拜而用，掌印可能是符号语言的一部分。

库斯奎这一海底洞穴壁画的发现震惊了世界，因为它证明了法国东南部地中海地区也有旧石器时代艺术。如今，这个被命名为"库斯奎洞"的洞穴已闻名于世。

奇妙的海底声音

神秘莫测的海底，经常会发出各种各样奇妙的声音。其中除波浪翻腾、惊涛拍岸发出的鸣响，海底地震、火山活动而引发的喧嚣外，每当风云突变、天气异常或风暴来临，在不少海岛还会听到一阵阵有节奏的呜呜声响从海洋深处传来，好似闷雷滚动，一高一低，错落有致。有人说，这像是海猪在号叫，也有人说，这是沉放在海中的用以探测海流的报警器的鸣叫声。

美国著名生物学家罗杰·佩恩博士和夫人凯蒂，一次驾着小艇正在大西洋的百慕大群岛水域进行考察。当夜幕降临时，蓦地在水听器中听到从大洋深处传来一阵阵美妙的歌声，它节奏分明、抑扬顿挫、交替反复，很有规律，持续时间长达30分钟。这奇特的歌声，引起佩恩夫妇与许多生物学家探索的兴趣与热情，为了揭开这个奥秘，他们纷纷潜入海洋深处。

经过多次探索发现，原来是座头鲸在引吭高歌。每当它从冬天洄游到热带水域繁殖地点后，便高兴地唱起这动人的情歌来，歌唱者均为雄性，而且这些歌声每年都有新的变化。生活在不同海域的座头鲸，唱着不同的歌曲，但乐谱的结构与变化规律却是相同的，这表明座头鲸的"作曲"才能是有遗传性的。

会唱歌的座头鲸

你知道吗

神奇的捕猎方法

座头鲸不仅会唱歌，而且捕猎技巧也非常高超。其中，最独特的猎食技巧称为水泡网捕猎法。一群鲸鱼在群鱼的下方围成一个大圈迅速地游动，再利用它们的喷水孔向上喷气形成水泡网从而使群鱼更为密集。等到鱼群达到一定的密集程度之后，一口就可以吞下数以千计的群鱼。利用这种捕猎法的鲸鱼可达12条，而水泡网的直径可长达30米。这或可被称为最奇特的海洋哺乳类的捕猎法。

在斯里兰卡东部海岸城市提卡洛亚附近的一个浅水海湾，每当月朗星稀的夜晚，人们轻轻荡着小舟在海面上游弋时，可以清晰地听到水下传来的乐曲声，吸引着很多游客前来欣赏。经电子仪器、闪光摄影仪以及回声探测器的周密调查，发现原来是栖身在海底泥土中的一些热带软体动物在晚间消化食物时发出的一种悠然自得的欢叫声，当这些声音传到水面，便成了一支支美妙的乐曲。

其实，许多海洋鱼类都有发声的本领，这也是鱼类生存的需要。鼓鱼发出击鼓般的咚咚声，是为了吓跑敌人；蟾鱼发出悠远的笛声，是在寻找配偶。在鱼类发出的声音中，有咯咯声、哼哼声、咳嗽声、呼哨声、尖叫声、磨牙声、搔抓声、鼓噪声等。据一些科学家分析，鱼类的声音，常常是由于鳔的振动和骨骼各部位的摩擦而发出来的。这些声音的用途主要是警告自己的同类，危险即将来临。当然，人们对鱼类发音的意义还不甚了解，无法完全判断它们的发音是否都是传递某一信息，但利用发音的鱼类进行海战却早已有之。

有一种能发出像人弹手指头声音的小虾，叫弹指虾。它们可以不分季节昼夜地发出强烈的弹指声音。在第二次世界大战期间，日本海军偷偷地把捕获的大量弹指虾转移到美国一个军港附近，这些小虾发出震耳欲聋的声音，使美国水下听音设施处于瘫痪状态。日军巧妙地利用声音掩盖了潜水艇螺旋桨的击水声，急速靠近美军军港停泊码头，发射鱼雷袭击美军舰艇，然后安全撤离。

英美海军在大西洋与德国海军的激战中，德国海军曾在一些重要的航线上秘密地布设了许多新发明的音响水雷，这种水雷的特点是当舰船接近水雷时，发动机发出的音响声波会自动引爆水雷。德军自以为有这种水雷海中防线，任何船只也无法靠近，但出人意料的是，水雷常常被莫明其妙地引爆了，却一条舰船也不曾伤着。原来，音响水雷碰上了一种能发出一定频率音响的小虾，它们发出的声响引爆了水雷。

许多类似的事例引起了科学家们的关注，研究海洋动物的发声，已成为一门新兴的科学，相信在不久的将来，人们将更准确地分辨鱼类的发音，从而有效地利用它们。

小虾能发出一定频率的声响

海底的天外来客——星屑

深沉的海底世界，广袤无垠，它不仅有奔腾的激流、宏伟的火山、灼热的喷泉、神奇的生命和足以使全世界每一个人都成为百万富翁的惊人资源，而且还蕴藏着许多星际信息。比如某星球从宇宙中消失了，海洋便将这次事件记在那神秘的“记事本”上；月球上某一次火山喷发，从海底就能找到此迹象的凭据。海底拥有许多星际的不速之客，只是人们很难听懂波涛的诉说罢了。

这星际的不速之客，便是星屑（或叫宇宙尘），对它的发现，可以追溯到19世纪。

1872年—1876年，英国著名海洋考察船“挑战者”号在进行海洋科学考察中，除了发现世界最深的马里亚纳海沟外，最大的收获便是从深海采到了珍奇的小颗粒宇宙尘。

1950年，美国也采集到了海底星屑。紧接着，1967年前后，日本也成了拥有海底星屑的国家之一。这些国家相继对海底星屑展开了多学科的研究并获得了很多科学数据。

1978年—1979年，我国海洋调查船“向阳红09号”在参加全球大气试验期间也进行了采集海底星屑的工作，并第一次从太平洋西部海域几千米深的海底采到了这种星际物质，从而使我国进入了研究这一地球外源物质的领域。

各国为了证实所采集到的各种星屑的真实身份，都进行了大量的研究工作。科学工作者把它们与用高空气球、U2 飞机、火箭、人造卫星飞行器在高空中搜集到的星屑(宇宙尘)进行对比,发现两者完全相同，从而确定了这些小颗粒是来自地球以外的宇宙尘埃。

我国科学家对海底星屑进行了多方面的探索，其中有光谱半定量分析、电子探针分析、X 射线粉晶照相和扫描电子显微镜分析等，获得了试样的显微特征、化学成分、矿物成分与微结构构造等许多珍贵资料。

科学家们还把海底星屑按显微特征与成分特征，把它们分成铁质星屑、铁石质星屑与玻璃质星屑三种，这三种来自海底的星际使者，以它们各自的风采，呈现在人们面前。在五六十倍实体显微镜下，可以清晰地看到铁质星屑是一些黑色的或褐色的长圆球粒，表面光洁透亮，耀眼夺目，仿佛是一颗颗闪闪发光的小钢球；铁石质星屑是一些暗褐色或稍带灰白的球状、椭球状或圆角状的小颗粒；玻璃质星屑则是一些无色或淡黄色的尘粒，像是一盘晶莹剔透的玻璃球。

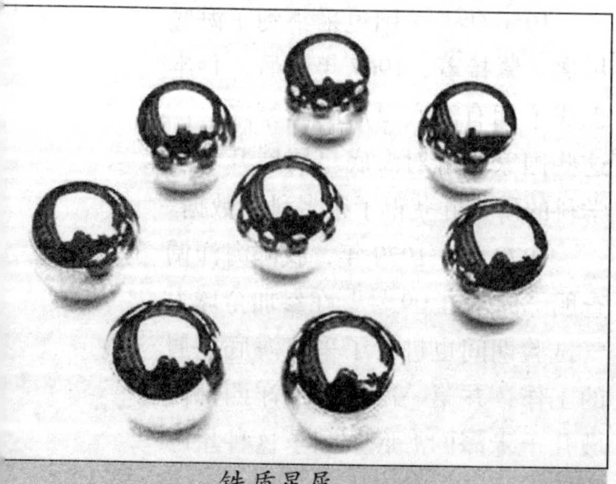

铁质星屑

据科学家们测定，海底铁质星屑的主要成分是镁、镍等一些较重的元素；铁石质星屑的主要成分是氧、硅、镁、钙、铝等较轻的元素；玻璃质星屑的主要成分则是氧化硅与少量的二价氧化物。

这些宇宙尘（星屑）在莅临地球、深藏海底之前是星际尘埃的一部分。由于它们反射太阳光线，形成了黄道光的模糊光带，在几百万年的时间内，尘埃颗粒不断向太阳旋转前进，并不断从小行星带得到补充，与小行星碰撞时，迸溅出的火花凝结起来，便形成了这些宇宙尘粒，并被一股强劲的力量推进到地球大气层里。科学家们认为，铁质星屑是行星内部的物质，铁石质星屑是行星外部的物质。

那么，这些神奇的宇宙使者，又是在一股什么样的力量推动下脱离自己的轨道，而甘愿栖身于孤寂的海底呢？科学家们找到了玻璃质星屑光临的缘由。他们认为，玻璃质星屑来自月球，是月球火山作用的喷发物。月球是个火山喷发的世界，火山随时可能爆发，当月球火山喷发时，火山物质以 6000 米每秒的速度向外射出，而要脱离月球的吸引力，只需要 2000 米每秒的速度就够了。因此，它们来自月球是完全有理由的。英国巴斯大学的研究人员认为，除玻璃质星屑外的其他海底星屑是火星与木星之间的小行星在宇宙间彼此碰撞时抛出的“火花”，它们每天落到地球上的数量高达 14 吨，而其中大部分降落在深海底。

对海底星屑的研究历史并不太长，但它对探讨地球、太阳系以及银河系起源与演化都有重要意义。此外，对于海洋沉积学、气候学的研究，也具有一定的价值。

当然，要在深海底寻找这些神奇的天外来客的踪迹是极其困难的，因为海底是神秘莫测的活动着的世界。但是，随着现代科学与技术的发展，人们是可以愈来愈多地寻找到它们，并把它们从海底一一携带到陆地上来。

第二节　扑朔迷离的海洋之谜

“百慕大三角”之谜

在北美洲大陆东南方的大西洋中，有一个北起百慕大群岛（北纬32°，西经65°）、南至波多黎各（北纬18°，西经66°）、西至佛罗里达海峡（北纬25°，西经70°），各个边长都在2000千米左右、面积约170万平方千米的三角形海域。长期以来，该海域一直被人们认为是一个神秘莫测而又令人恐怖的海域。在过去的数百年间，在该海域航行的舰船和飞机常常会莫名其妙地神秘失踪，而许许多多与之相关的科幻小说又给该海域添加了一层更加神秘的色彩。即使到了科学发达的今天，该海域的神秘面纱仍然未被人们完全揭开。

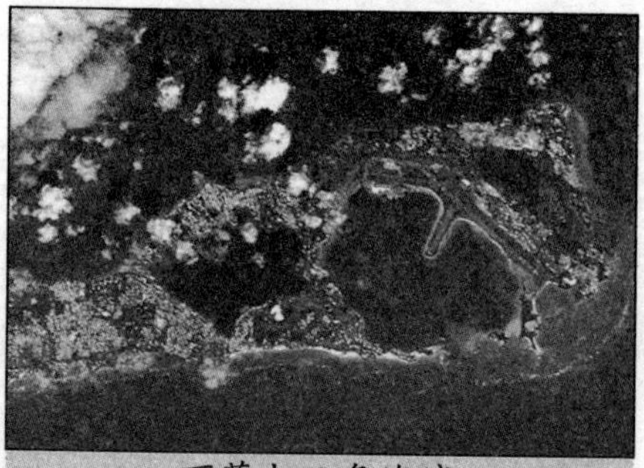

百慕大三角海域

有关“百慕大三角之谜”，自500年前就开始有了文字记载。1502年，哥伦布第四次远航北美洲时，就曾在该海域经历过连续八九天的可怕风暴，并对当时的恐怖情景进行过文字记载。其后，在该海域又接连发生舰船和飞机神秘失踪事件多达数百例。例如，1925年4月18日，日本货轮“来福丸”从美国波士顿起航，当船舶驶入该海域后不久即下落不明；1948年3月4日，美国海军的1.9万吨级运输舰“赛克鲁普”号搭载着236名旅客

曾有 C–119 运输机在百慕大三角失踪

和 73 名船员，驶入该海域不久也神秘失踪，事后美国海军曾派出大批飞机和舰船进行搜寻，最后是无果而终；1945 年 12 月 5 日，美国海军第 19 飞行中队的 5 架鱼雷轰炸机在该海域进行训练时全部神秘失踪，美国海军派出大批飞机和舰船搜寻了 5 天，也是毫无结果；1948 年 1 月 29 日，百慕大机场控制塔台突然收到在该海域上空飞行的英国飞机要求帮助指明航向的请求，之后该飞机便连同 26 名乘客神秘失踪；1963 年 8 月 23 日，美国两架喷气式加油机在飞抵该海域后神秘失踪，随后又有 2 架巨型引擎飞机也在该海域失踪；1965 年 6 月，美国空军一架 C–119 运输机在该海域失踪；1967 年 2 月又有一架从美国佛罗里达飞往波多黎各的飞机在该海域失踪。更令人不解的是，凡是在该海域失踪的舰船及飞机，事发前很少发出求救信号，事发后救援者在失事海区既未发现其残骸，也未找到遇难者的遗体或遗物。由于这许许多多疑案在该海域连续不断地发生，因而该海域被人们称为“百慕大魔鬼三角”“大西洋上的墓地”。

为探究其原因，科学家们曾对该海域进行过无数次考察与探讨，但一直未能揭开其谜团。有人认为在该海域水下存在着巨大的潜流，致使海面上形成威力无比的强大漩涡，如同太空中的黑洞，从而导致船舶和飞机神秘失踪；有人认为该海域的地磁场异常，致使船舶和飞机进入该海域后因导航仪器失灵而失事。苏联地球物理学家B.B.舒列金在20世纪30年代还曾提出过次声波地磁引力说，认为海浪在该海域能引起次声波震荡，频率为6～7赫兹，这样的次声波虽然人们听不到，但却具有极大的破坏力，可以使人感觉极度疲劳与焦躁不安，甚至能使心脏和神经系统陷入瘫痪，这种次声波可能就是导致种种惨剧发生的罪魁祸首。因而也就有了太空黑洞说、漩涡说、地磁说、漩涡镜面说、晴空湍流说、次声波地磁引力说等多种不同的假说与推断。但是直至如今仍没有一个可以令人信服的答案。

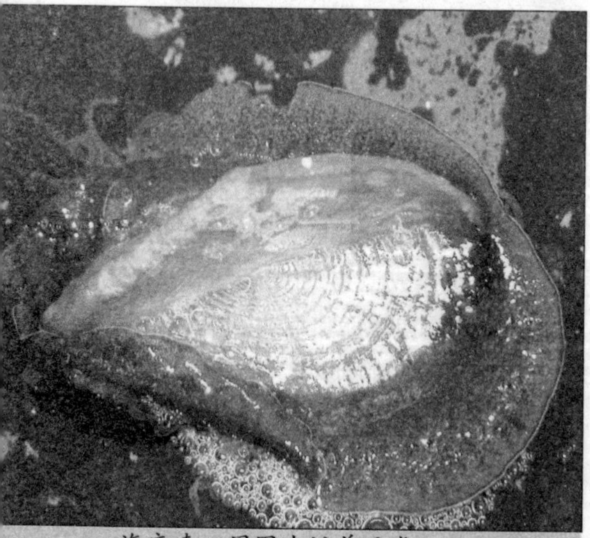
海底喷口周围生活着贝类

海洋地震之谜

微地震是一种能在地震仪中接收到的暴发性干扰，这种暴发性干扰是由大量周期约为2～10秒的微小的地壳震动波群所组成的。这种微地震的一个明显特点是它常常伴随附近海洋风暴的出现而暴发。它所包含的波动频率则恰好是与它伴随的风暴所激起的波浪频率的两倍，这就是所谓的“信频现象”。此外，人们还观察到，当风暴由大陆吹向海岸时，这种微地震常能持续很久；反之，当由海洋吹向大陆时，一旦风暴登陆，它就很快减弱以至消失。

那么，海洋微地震究竟是怎样产生的呢？人们对此曾作过许多猜测。有人认为这是海浪冲击海岸的结果，也有人想用波浪起伏时加在海底上的压力发生变化来解释，但这些说法都不能解释信频现象。

在对微地震进行研究的过程中，地球物理学家斯柯特、海洋家迈克和流体力学家朗吉锡金斯先后从复杂的计算中发现，两列相同频率沿几乎相反方向进行的波

海上风暴会引起微地震

浪相撞时确能产生一种向水中各方向辐射的微弱声波。它不是通常的声波，也不随深度而衰减，而且它的频率很接近波浪频率的两倍。计算还表明，由于风暴会在广阔的洋面上掀起波涛，其中含有许多相反方向的波动成分。由所有这些成分相互作用所产生的合成声波，足以激起微地震。

但是，大自然是十分复杂的。尽管这种被称为非线性相互作用的理论能解释许多重要的现象，目前它还不能解释为什么当风暴登陆后海上波涛依然存在而微地震却很快平息。对此曾有人提出海洋地震是风和浪相互作用的结果。

对于海洋中微地震产生的原因，上述提法也仅仅是一种推测，人们对其产生的真实原因还了解不多，需要进一步研究，才能揭开这个海洋之谜。

海底喷发物之谜

1979 年 3 月，美国海洋学家巴勒带领一批科学家对墨西哥西面北纬 21° 的太平洋中脊进行了一次水下考察。当科学家们乘坐的深水潜艇“阿尔文”号渐渐接近海底时，透过潜艇的舷窗，他们看到了浓雾弥漫下一根根高达六七米的粗大烟囱般的石柱顶口喷发出来滚滚浓烟。“阿尔文”号向着一处“浓烟”靠近，并将温度探测器伸进“浓烟”中，不禁吓了一跳：原来这里的温度竟高达近千度。经过仔细观察，他们发现“浓烟”原来是一种金属热液“喷泉”，当它遇到寒冷的海水时，便立刻凝结成铜、铁、锌等硫化物，并沉淀在“烟囱”的周围，堆成小丘。他们还注意到，在这些温度很高的喷口周围，竟形成了一种特殊的生存环境，就像是沙漠中的绿洲，生活着许多贝类、蠕虫类和其他动物群落。

巴勒的这些发现，引起了科学界的极大兴趣。美国密执安大学的奥温认为，这种海底“喷泉”还与地球气候的变化有着密切的联系。

奥温在研究深海钻探计划第 92 航段从东太平洋海底获取的沉积物和岩样以后，发现在 2000 万 ~ 5000 万年前的沉积物中，铁的含量为现代的 5 ~ 10 倍，钙的含量则为现在的 3 倍；另外在 600 万 ~ 800 万年前，铁含量也有一个小的峰值。奥温还从别人的研究中获悉，始新世时期沉积物的铁含量是目前的 6 倍，二氧化硅的含量更高，为现代的 20 倍。为什么沉积物中的钙、铁、硅含量增高？奥温认为与海底喷泉活动的增强有关。

据此，奥温又进一步认为，当海底喷泉活动增强时，所喷出的钙将与海水中的硫酸氢钙发生反应，析出二氧化碳。已知现在的海底喷泉提供给大气的二氧化碳，占大气中二氧化碳自然来源的 14% ~ 22%。因此，当钙的析出量为现在的 3 倍时，大气中二氧化碳的含量必将大大增加。众所周知，二氧化碳含量的增加，将会产生显著的温室效应，从而使全球的气温普遍升高，以至极地也出现了温暖的气候。

究竟海底喷发物对气候有哪些影响？人们期待着在对大西洋和印度洋始新世沉积物的研究中能有更多的发现。

深海生物之谜

科学家通过深海考察，在太平洋加拉帕戈斯群岛之东南 320 千米，深度为 2600 米的海底火山附近，发现有不靠阳光生存的动物。阳光最多能到达海平面下 100 ~ 300 米，那里是一片漆黑，但却有大量长达 1 米的蠕虫 (像水族馆的管虫) 和 30 厘米大的巨蛤。另外，还有一些淡黄色的贻贝和白蟹。

你知道吗

深海生物的食物从何而来

一般深海生物的食物来源是：从上层沉降的生物死体、碎屑，微生物化能合成产生的有机物和其他深海生物等。由于食物少、温度低，所以包括细菌在内的深海生物代谢速率（氧耗）低，生长也很慢。深海生物视觉大多不发达，但嗅觉却很灵敏，曾将一些死鱼投放到菲律宾海沟水深9605米处6小时40分钟后，已引来一群端足类，有的鱼已被吃的仅剩下鱼骨。许多深海鱼类口大，能吞食比自己还大的食物。还有许多深海生物（包括许多种鱼以及海星、海参、海笔、海葵等）能发光。这不但有作为诱饵和惊吓敌人的作用，还能作为同类互相辨识的标记。

另一次深海科学考察中，在离南加利福尼亚150海里的海底火山口，深度同是2600米的地方，科学家除了再次发现上述各种生物外，还发现了一种长得很像白鳗的鱼，这更是人类发现的第一种完全不依靠阳光生存的脊椎动物。这两次惊人的发现，引起了科学家们的极大兴趣：在没有阳光的深海世界里，这些生物为什么能生存下来，而且长盛不衰？

科学家们几经研究，揭开了这个奥秘。原来，在海底的地壳移动时，产生了海底裂缝，当海水渗入这些裂缝，并在里面循环流动时，水温便升高到350℃左右。热水把附近岩石中的矿物质（主要是硫黄）溶解出来，在高热和压力的作用下，和水反应合成硫化氢，培育恶臭和有毒的东西，这就是火山口附近一些生物的能量来源。

之所以如此，是因为蠕虫、巨蛤或是贻贝，其消化系统大部分已退化，取而代之的是体内寄生着大量的硫细菌。这些深海生物和硫细菌两者互相依赖，共同生存。一方面，深海生物为硫细菌提供一个稳定的生活环境，以及合成营养的原料（硫化氢、二氧化碳和氧气）；另一方面，硫细菌则通过一连串的化学作用合成营养（碳水化合物）来回报深海生物。这个情况，就好像陆地上植物

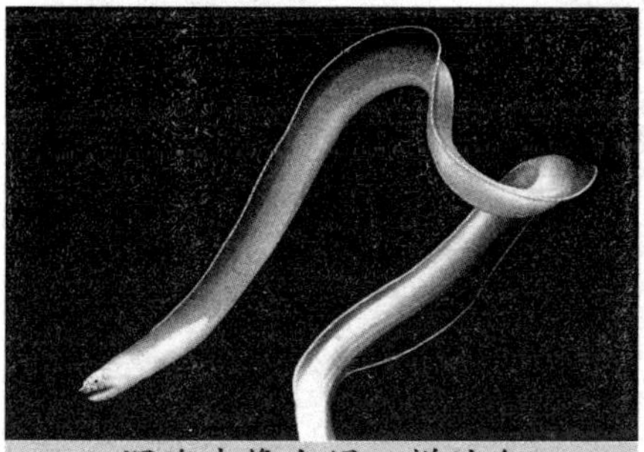
深海中像白鳗一样的鱼

的叶绿素，进行光合作用合成碳水化合物一样。不同之处，只是高能量的硫化氢取代了阳光。

但是，最令科学家们迷惑不解的是，那些深海生物的体内存在着大量硫化氢，却仍能健康生长。硫化氢对生物的毒性并不亚于人们熟悉的氰化物，它能取代氧而和进行呼吸作用的酵素结合，因而能使生物窒息致死。研究人员已查出蠕虫血液里的血红素，它除了有运载氧气作用外，同时对硫化氢亦有极强的吸附力，从而防止硫化氢与进行呼吸作用的酵素结合，直接把硫化氢运往硫细菌寄生的器官中。而巨蛤体内则有一种特别分子去运载硫化氢，消除其毒性。至于其他深海生物的硫化氢“解毒”机制，则仍有待研究。

深海蠕虫

目前对有关深海火山附近生物的了解，虽然仍未完全明白，但已引起科学家的联想：在一些拥有高能量物质的环境里，如含硫化氢和甲烷的沼泽，可能存在着类似的生物。由此看来，随着科学的发展，这个没有阳光的黑暗世界，终有一日将展现在人们的眼前。

海底温泉之谜

海洋底部是地球上唯一未经勘探清楚的地方。早在20世纪初，海洋学家已开始全面勘测世界各地的海床，许多海底的资料却是近几十年才为人所知的。在众多惊人的发现中，最奇妙、最令人意想不到的，要数海洋深处的温泉。

海底温泉出现在地球板块间的裂缝，以太平洋和大西洋海底地壳裂缝较深的地方为多。寒冷的海水流进裂缝，深入海床下2000米或更深处，在地壳内部遇上炽热的岩浆，加热到沸点以上，再从海床涌出，形成温泉。

高压的热水穿过岩层涌上来，析出镁和硫酸纳入地壳，同时从地壳吸取钡、钙、铜、铁、锂、锰、锌以及其他矿物。温泉水涌出海床，

喷出海面的海底温泉

遇上寒冷的海水，就把矿物析出，在海床上积聚起来。有些泉眼的周围，长期积聚下来的硫化物形成高窄的烟囱状喷水口，这就是海底“黑烟囱”。

科学家们对这些堆积物很感兴趣，发现有些由海床演变而成的陆地也有类似的矿体。举例来说，在塞浦路斯一个岩石断面之内，就有90种不同的硫化铜、硫化铁、硫化锌矿床。假如科学家能摸清水底矿体的形成规律和地点，那么，日后要知道由海床变成的陆地上哪里埋有矿藏就容易得多了。

从前，开采海底矿藏似乎并不划算。如今科技不断进步，陆地上的矿藏又日渐减少，深海采矿越来越有吸引力。

海底采矿很可能在红海首先进行。由于沙特阿拉伯在慢慢移动，逐渐远离非洲苏丹海岸，红海的海床不断扩大。距沙特阿拉伯主要港口吉达的西北不远处，有一个海底盆地，名为阿特兰提斯二号海渊，底部的沉积物十分丰富。苏丹和沙特阿拉伯合作组成红海委员会，共同研究开采这些沉积物的可能。据统计，这些沉积物中有29%是铁，5%是锌，此外，还有少量的铜、银和金。一些国家还表示有意开采太平洋和大西洋的海底矿藏。

有人估计，每年从海底温泉喷

海底矿藏

出来的水，等于美洲亚马孙河的年流量。每过 1000 万年，海洋中每一滴水都会流经温泉口，把地壳里的稀有矿物源源不绝地带出来。如果能加以开采，人类就永远不愁矿物资源短缺。

死亡岛之谜

在距北美洲北半部的加拿大东部的哈利法克斯约 100 千米的北大西洋上，有一座令船员们非常恐怖的小岛，名叫“赛布岛”。“赛布岛”一词在法语中的意思是“沙”，意即“沙岛”，这个名称最初是由法国船员们给它取的。

据地质史学家们考证，几千年来，由于巨大海浪的凶猛冲击，使这个小岛的面积和位置不断发生变化。最初它是由沙质沉积物堆积而成的一座长 129 千米、宽 16 千米的沙洲。而在最近 200 年中，该岛已向东迁移了 20 千米，长度也减少了将近大半。现在岛长只有 40 千米，宽度却不到 2 千米，外形像又细又长的月牙。全岛一片细沙，十分荒凉可怕，没有高大的树木，只有一些沙滩小草和矮小的灌木。

此岛位于从欧洲通往美国和加拿大的重要航线附近。历史上有很多船舶在此岛附近的海域遇难，近几年来，船只沉没的事件又经常发生。从一些国家绘制的海图上可以看出，此岛的四周，尤其此岛的东西端密布着各种沉船符号，估计先后遇难的船舶不下 500 艘，其中有古代的帆船，也有现代的轮船，丧生者总计在 5000 人以上。因此，一些船员对此岛非常恐惧，称它为“死神岛”。在西方广泛流传着有关“死神岛”的许多离奇古怪的神话传说，令人不寒而栗。“死神岛”给船员们带来的巨大灾难，激发科学家们去努力探索它的奥秘。为了找到船舶沉没的原因，不少学者提出了种

沙岛

种假设和推断，例如，有的认为，由于“死神岛”附近海域常常出现威力无比的巨浪，能够击沉毫无防备的船舶；有的认为，“死神岛”的磁场不同于其邻近海面，且变幻无常，这样就会使航行于“死神岛”附近海域的船舶上寻航罗盘等仪器失灵，从而导致船舶失事沉没；较多学者认为，由于此岛的位置经常移动，而它的转移也在不断变化，岛的附近又大都是大片流沙和浅滩，许多地方水深只有 2 ~ 4 米，加上气候恶劣，常常出现风暴，因此，船舶很容易在这里搁浅沉没。关于“死神岛”之谜，仍需要今后继续深入探索和研究。

深海怪物之谜

1937 年，在澳大利亚海域，发生了一起采集珍珠的潜水员失踪事件，随后又接连不断地发生潜水员失踪事件，这引起了人们的极大关注。

15 年以后，1953 年的夏天，澳大利亚潜水员约翰，身穿最新式的潜水衣，准备创造深潜水最高纪录。

当约翰刚潜入海水中不久，一条四五米长的鲨鱼就从后面跟上来，它可能想找机会捕食约翰，一直若即若离地跟在他后面。约翰为了摆脱鲨鱼，直向深水处游去，再往下是一个黑洞洞的深渊。这时鲨鱼在他头顶 5 米左右的地方来回游动，好像在等待有利的时机。

约翰突然感到海水开始变冷，水温在持续下降。这时他看见从黑乎乎的深渊里钻出一个又黑又大的团状怪物。

“啊！”说时迟，那时快，没等约翰喊出第二声，那个大黑团已经摇晃着它那肥大的身躯从约翰身边浮了上去。那是一个大得出奇、行动缓慢、呈褐色的东西，它扁平的躯体像是个杂乱的麻团，仔细一看，没想到它居然还长着手、足、眼睛和嘴等器官，如果它不动还真不敢相信是活物。

大怪物一边晃动着身体，一边向约翰头顶上更高的地方游去。这时海水变得更加冰冷了。不知道鲨鱼是因为怕冷还是害怕大黑团的缘故，悬浮在原来的地方一动也不动，不一会儿，那褐色的怪物就靠近了鲨鱼，接触到鲨鱼的表皮，鲨鱼痉挛起来，没有看见它作任何抵抗，就被那怪物一口吞到肚子里去了。然后，那个怪物若无其事地晃着它那肥大的身躯，慢慢地又沉入到漆黑的深渊里。

这种大怪物到底是什么动物？

它同潜水员失踪是否有关？至今还是个解不开的谜。

海洋“美人鱼”之谜

中国古代文献中有许多关于人鱼的记载。据记载，人鱼多是上半身为美丽女子的身体，长发飘飘、十分美艳，但其下身却长满鳞片和鱼尾。有民间传说，人鱼是出海人的诅咒，她们用美丽的歌声来引诱水手。那么人们不禁要问：海洋里真的有“美人鱼”吗？

“人鱼”生物研究家普利尼先生在其《自然历史》中写道：“至于美人鱼，也叫尼厄丽德，这并非信口雌黄……她们是真实的，她们的身体粗糙、遍体有鳞。”

早在2300多年以前，巴比伦的历史学家巴索斯在《万代历史》一书中就写到美人鱼。她们体形似鱼，

美人鱼雕像

身体下部有一双与人一样的脚连着鱼尾。17世纪，英国伦敦出版的《赫特生航海日记》中有这样的描述：“人鱼露出于海面上的背和胸部像一个女人，她的身体和一般人一样大，皮肤白色，背上披着长长的黑发。”此外，据说在欧洲维斯杜拉河畔有一条美人鱼，她用优美的歌声战胜了害人的水怪。人们为了纪念她，就在河畔上的城市——华沙建造了一座美人鱼的铜像。美人鱼铜像一手仗剑，一手执盾，目光远眺，后来这座美人鱼铜像成为波兰首都的标志。

你知道吗

深海美人鱼——儒艮

儒艮俗称美人鱼，它是海洋中唯一的草食性哺乳动物，与海牛目的其他动物如海牛的最大区别在于：海牛的尾部呈圆形，而儒艮尾部形状与海豚尾部相似。儒艮的头很大，头与身体的比例是海洋动物中最大的。嘴巨大而呈纵向，舌大，使其更利于进食海底植物而将沙子排除开。儒艮的气孔在头部顶端，平均15分钟换一次气。头部和背部皮肤坚硬、厚实。

科学家们一直在找寻人鱼的踪迹，终于机会来了！一个3000年前的美人鱼的木乃伊被发现了。一队建筑工人在索契城外的黑海岸边附近一个放置宝物的坟墓里，发现了这一古尸。这个消息是由俄罗斯考古学家耶里米亚博士透露的。这具木乃伊看起来像一个美丽的黑皮肤公主，下面有一条鱼尾。美人鱼公主从头顶到带鳞的尾巴，长173厘米。死时美人鱼大概已有100岁了。

此外，新加坡《联合日报》提供的《南斯拉夫海岸发现7.2万年前美人鱼化石》的报道称：科学家发掘到世界首具完整的美人鱼化石，证实了这种神奇的生物的确存在过。化石保存得很完整，能够清楚看到这种生物有锋利的牙齿和强壮的双颌。奥干尼博士是一名来自美国加州的考古学家，在美人鱼出现的海域工作了四年。奥干尼博士说：“她在一次‘旅行’中被突发的海底滑坡埋在了泥石中，然后被周围的石灰石保护，慢慢成为化石。化石显示：美人鱼高160厘米，腰部以上像人类，头部发达，脑容量相当大，有利爪，眼睛和鱼类相似，没有眼睑。”

美国一家报纸于1991年也报道了这样一件事情：美国两名职业捕鲨高手在加勒比海海域捕到11条鲨鱼，其中有一条虎鲨长18.3米。当

鲨鱼

解剖这条大鲨鱼时，人们发现它胃中有一副奇怪的骸骨骨架，骸骨上身1/3像成年人的骨骼，但从骨盆开始却是一条大鱼的骨骼，特别神奇。

渔民们将这副残骸移交给当地警方，验尸官对其进行检验，检验结果证实这是一种半人半鱼的生物。对于这副奇特的骨骼，警方又请专家进一步研究，并将资料输入电脑，根据骨骼形状绘制出了美人鱼的形状。这项工作的主持者美国埃惠斯度博士说："美人鱼并不是传说或虚构出来的生物，而是世界上确实存在的一种生物。"

科威特的《火炬报》也报道：在红海海岸发现，在生物公园中生活着美人鱼。美人鱼的形状上半身如鱼，下半身像女人的形体，跟人一样长着两条腿和十个脚趾，但她已经窒息而亡了。

1979年，苏格兰教师威廉·马龙在苏格兰的斯尼斯海滩散步时，突然看到海中露出一个裸体女性，头发为褐色，五官与女人近似，还有一对丰满而漂亮的乳房。当其荡漾于水面时，能够很清楚地见到鱼尾。她在水面上浮游了四五分钟之后才消失。像这些目睹美人鱼的事件，在南太平洋、苏格兰、爱尔兰一带的海面以及北海、红海等地，都有大量的报道。

那么世界上究竟有没有活的美人鱼呢？

1962 年，一个神奇的发现使人为之眼前一亮。

英国的《太阳报》报道说：1962 年，一艘载有科学家和军事专家的探测船，在古巴外海捕获到一个能讲人语的小孩，他皮肤处长有鳞片，有鳃，头似人，尾似鱼。小人鱼称自己来自亚特兰蒂斯市，还告诉研究人员在几百万年前，亚特兰蒂斯大陆横跨非洲和南美洲，后来沉入海底……现在留存下来的人都居住在海底，寿命达 300 岁。小人鱼随即被秘密送往黑海一处研究所，有关美人鱼的谜团有待解开。

诡异的海底坟墓之谜

1980 年，在挪威沿海的一个荒芜的半岛上，进行了一场高难度的悬崖跳水表演。这个半岛三面环水，一面是山，悬崖下面的海水深邃莫测。许多猎奇者为了观看这场表演，纷纷来到这里，坐在游艇上，等候着表演开始。

随着发令枪响，30 名跳水运动员飞下悬崖，做着各种空中动作，钻进了大海之中。观看者目不转睛地欣赏着运动员的精彩表演。可是，几分钟过去了，半小时过去了，却不见有人露出水面。人们大为惊慌，运动员的亲属悲伤地哭了。表演的组织者派出救生船和潜水员去寻找运动员，可是过了几个小时，连下海救生的潜水员也无影无踪了。

第二天，一名经验丰富的潜水员佩戴安全绳和通气管下海探索。当安全绳下到 5 米时，一股强大的力量将潜水员、安全绳和通气管以及船上的潜水救护装置全部拖进海底。表演的组织者又向瑞典方面求助，他们派来一艘微型探察潜艇来到这里。令人难以置信的是，这艘微型潜艇入海后也是一去不返。

在万般无奈的情况下，组织者请求美国派来了一艘海底潜水调查

海底坟墓

船，并由地质学家豪克逊主持调查工作。豪克逊在电视监视器前不停地搜索着海底。突然，他发现离船不远处有一股强大的潜流，在潜流中不仅发现了 30 名运动员、2 名潜水员的尸体和那艘微型潜艇，而且还发现海底有不少脚上拴着铁链的人的尸体。

豪克逊大为惊讶，他不敢相信自己的眼睛，但监视器录像机录下了这一奇景。

那么是什么原因导致运动员和潜水员不能返回水面而被淹死？那些脚上拴着铁链的尸体是从哪里来的？他们是些什么人？他们的尸体为什么没有腐烂？这些奇异现象成了难解之谜。人们议论纷纷，莫衷一是。

经过调查以后，豪克逊提出了自己的一些看法。他认为这里是暖流和寒流的交汇处，因而形成了一股强大的漩涡，把附近的人和物体都卷入涡心，带到水下。这里水质纯净，不具备各种生物所需要的微量元素，所以尸体未腐烂。至于那些脚上挂着铁链的尸体的由来，他认为,这个半岛曾经是一座大监狱，监狱看守们不断将死去的犯人投入海底，逐渐聚积了这许多尸体。他还认为，半岛上的岩石能产生一种看不见的射线，使这里寸草不生，这可能是这座大监狱被遗弃的原因。但究竟是一种什么射线，豪克逊也没有搞清楚。

这只是豪克逊的一家之言，别的学者也有他们各自的见解。要想把海底坟墓之谜揭开，还有待科学家们进行大量的调查和研究。

神秘的海上冰雕

1912 年 4 月 15 日，当时世界上最大的轮船“泰坦尼克”号满载着 2400 位旅客在从英国南安普敦首航美国纽约途中，在北大西洋水域触冰山沉没，成为世界航海史上最大的一次海难事故。

冰山是陆地冰盖或冰川滑动到海边，在重力、波浪、潮汐等作用下，发生断裂后漂浮到海上而形成的。

南极洲、格陵兰岛以及北极地区的其他岛屿是全球海上冰山的源地。南极洲 158.2 万平方千米的陆缘冰更是举世无双的冰山“制造厂”，据估计，南极水域有大小冰山 22 万座之多。“巨无霸”的超大型冰山是南极洲的“特产”。B–9 冰山可算是最大的“巨无霸”，其初始最大长度为 154 千米，最大宽度为 36 千米，面积达 4540 平方千米，比 4 个崇明岛还大。它的水面以上部分

海上冰山

高 50 米，水下深 250 米，总体积逾 1200 立方千米，重量达 1 万亿吨，相当于南极冰山一年生成总量的一半。如果把长江一年的总水量冻结成一个大冰块，也不及 B-9 的面积。如果它全部融化，全球海平面将升高 4.2 毫米。这样巨大的冰山是十分罕见的。

你知道吗

巨大的南极冰盖

南极大陆 98% 的地域被一个直径为 4500 千米永久冰盖所覆盖，其平均厚度为 2000 米，最厚处达 4750 米。南极夏季冰架面积达 265 万平方千米，冬季可扩展到南纬 55°，达 1880 万平方千米。总贮冰量为 2930 万立方千米，占全球冰总量的 90%。如其融化全球海平面将上升大约 60 米。南极冰盖将 1/3 的南极大陆压沉到海平面之下，有的地方甚至被压至 1000 米以下。南极冰盖自中心向外扩展，在山谷状地形条件下，冰的运动呈流动状，于是形成冰川，冰川运动速度从每年 100 米至 1000 米不等。每年因断裂而被排入海洋的巨型冰块则形成冰山。

如果说冰山在南极洲已是司空见惯的话，那么在这里出现的巨大冰雕却令科学家们迷惑不解。科学家们在南极洲对面海岸接近印度洋的海面上，发现了不少足有千万吨重的巨大冰雕在海上四处飘浮，它们的造型，有的像飞鱼，有的像天鹅，有的像海豚，有的像狮子……全部雕塑得栩栩如生。更为神奇的是，在这些巨型冰雕的上空，还同时出现彩虹似的光芒，白天或夜晚都可以清楚地见到。众所周知，南极洲是一片冰天雪地无人居住的地方，那这些巨大的冰雕山是谁做出来的？为什么要制作这样巨大的冰雕？目前这些还是一个谜。

悬在头顶的大海

马歇尔·卡尔多纳是美国著名的神秘事件研究家，多年从事各种神秘事件的调查研究工作。有一天，他闲来无事，就到附近的一家古玩店去选购古董，这时候，他突然发现了一卷陈旧的手稿。这卷书稿显得破破烂烂，字迹已褪色，幸好内容还算完整。马歇尔只花了一卷废纸的价钱就把这份手稿弄到了手。回家后，他急急忙忙通读了整部手稿，没想到，这里面所记录的内容是一位挪威渔夫的离奇经历，让他感到非常难以置信。

挪威位于欧洲北部，部分国土位于北极圈内，一位叫奥尔夫·亚森的渔夫和他的儿子就住在这里。一天，亚森和他的儿子乘一艘小小的机帆船向北行驶，他们计划这次行程约需1个月。航行途中，一些意想不到的事情发生了。船向北行进，气温却一天天地升高。一天，儿子突然指着罗盘说：“爸爸，你看，罗盘好像有点不对头。”亚森回头一看，罗盘突然开始指向南方，可是船仍在向北行驶。渔夫父子看看四周，看到的情形让他们惊愕得说不出话来，不知该怎么办。不知什么时候，他们头顶上的天空消失了，代之以湛蓝的海水。

船继续行进，这时周围的环境似乎已近黄昏，他们环顾四周，上下左右都是海水。又过了一会儿，四周一片漆黑，仿佛进入了一个长夜无昼的世界。突然，他们看见了另一个太阳，也许称为“地心的太阳”更恰当些。逐渐地，周围亮如白昼，海水前方出现了陆地。他们隐约分辨出陆地上生长着绿油油的植物，甚至还有动物。

很久以前，亚森父子曾听说过一个传说，在北极某处有一个世外桃源，这里气候宜人，难道这就是那个世外桃源？

一年后，亚森父子平安地回到了故乡。他们向邻居叙述了那个国度里的情景,那里住的都是些巨人，身高大约 4 米。那里不仅有动物、植物和各种农作物，还有供他们使用的各种日常用具，其大小与巨人很匹配，那里的 1 粒葡萄大得相当于 1 只普通的苹果。村里人没有一个人相信他们的叙述，认为他们所说的是梦话。

亚森父子没有办法，只能专程前往美国，向住在洛杉矶的乔治·埃马森先生详细讲述了自己的经历。埃马森根据他们的叙述写成了这部名为“一位挪威渔夫的离奇经历”的书稿。

人真的会遇上这些事情吗？挪威的北极探险家弗里乔夫·南森证实，在北冰洋底下，似乎有一个由海水形成的巨大空洞。他从 1893 年 6 月开始，在北冰洋的浮冰上生活了一年半，成为第一个踏入北纬 86°41′ 的人。他看到了北极圈内的许多奇异现象。其中，在北冰洋的冰海中有一片“开水”，这是一片在黑沉沉的广阔冰海上的不反射天空光线的不冻海域。

美国极地探险家霍尔早于南森 20 多年曾 3 次闯入北极进行探险。他也提及，当他的探险队一行正沿冰山前进时，在距他们大约 7 千米的地方出现了一片不冻海域，这片“开水”从南到北，占据了两座冰山之间的整个海峡。

1906 年，极地研究家威廉·里德根据南森和霍尔的叙述，坐着狗拉雪橇直奔北极，想去亲眼看看这片不冻海域。据他介绍，当他接近这片海域时，周围开始涌出团团浓雾，那片“开水”就在那浓雾笼罩之下。

里德猜测浓雾是由地球内部流出的暖空气造成的，也就是说在北极圈的某个地区肯定有一个通过地热加温并使热空气泄漏的地方。里德的假设是不是有点不可思议？谁也不知道。

魔鬼海之谜

1952 年 9 月 18 日，日本渔轮“妙神丸”号返回港口，船员们说，海面上恶浪翻滚，几乎形成了巨型的穹顶。

“妙神丸”号带回来的报告，引起日本科学界的注意，因为他们估计渔轮水手所描述的现象，很可

魔鬼海海域

能是海底火山爆发所引起的。日本列岛饱受地震之苦，所以对此事格外注意。3天之后，日本航海安全署派出它的巡逻艇“敷根丸”号驶向了这片海域。

与此同时，东京渔业大学召集一批专家，连同《朝日新闻》记者，一起登往前去考察的海洋考察船“新阳丸”号。9月23日，“新阳丸”号的仪器记录了海底火山爆发的情况。这时，“敷根丸”号巡逻艇返回港口报告说：海面上发现一个黄烟袅袅、新冒出来的小岛。然而，当“新阳丸”号赶到现场时，除看到两块岩石裸露在海面之外，所谓新冒出来的小岛全都沉入了海中。

由于海底火山爆发越来越厉害，“新阳丸”号只得返航。可是日本水文地理署的官员，开始为他们派出的另一艘考察船“海阳5丸”号的安全问题担心了。这艘船9月21日载着一批专家驶离东京，至今音讯全无。

他们耐心而忐忑不安地等待了几天，仍然毫无音讯。“海阳5丸”号自离港后，未发回一封电报。水文地理署立刻开展营救工作，派出人员船只前往搜索，因为船上载有日本最著名的一批专家，连同船员共计31人。前往搜索的人空手而归，他们说除了发现那座海底火山重新爆发之外，什么也未发现。“海阳5丸”号失踪了。

为什么搜寻的人员在海面上找不到任何漂浮物？为什么“海阳5丸”号连份电报都没发回？船上装有30吨燃料，为什么遇难水域连一点油花都没有？

这片海域被日本人称为“魔鬼海”，它位于日本列岛和小笠原群岛之间。

当然，如果仅仅是这一起失踪事件，人们是不会把这里称为“魔鬼海”的。早在1928年2月28日，一艘6000吨级的美国轮船“亚洲王子”号，驶离纽约港，经巴拿马运河驶入太平洋。一个星期之后，一艘名叫“东部边界城市”号的轮船，曾经收到“亚洲王子”号发出的呼救信号，这个信号重复了几次就消失了。

驻夏威夷的美国海军动用很多力量前往搜寻，但一无所获。到底是什么力量在日本的“魔鬼海”作祟？人们始终未能找到合理的解释。

海滩古井之谜

1962年夏天，一位到海边捞虾的青年发现南澳海滩上有一口水井，并在井口四角的石缝中捡到四枚宋代铜钱，分别镌刻有“圣宋元宝”“政和通宝”“淳熙元宝”“嘉定通宝”字样。这是海滩古井在中华人民共和国成立后第一次被发现。

这口古井是用花岗岩条石砌成的，呈正方形，口径约1米，深约1.2米。在这样一片连接滔滔大海的海滩上，怎么会有这样一口古井呢？更加令人不解的是，尽管古井常常被海浪、海沙淹没，一旦显露，井水便奔涌不息；尽管四周是又咸又苦的海水，涌出的井水却清澈纯净，清甜爽口。

经有关专家考察分析，发现古井所处的海滩原是滨海坡地，后因陆地不断下沉形成海滩，古井也就被海沙吞没了。被厚沙覆盖的古井，一般难以被人察觉，但当特大海潮袭来，惊涛骇浪卷走大量沙层时，它便会裸露出来。这种井露现象，继1962年夏天之后，1969年7月、1978年10月和1981年9月均发生过，而且都是在强台风掀起的罕见大海潮后出现的。

据有关资料和当地许多人回忆的几次井露的位置和形状来看，古井不止一个。事实上，当地也曾传闻，说是当年挖筑过“龙井”“虎井”和“马槽”三口井。据分析，1981

年9月显露的是“马槽”井，现在已被南澳县人民政府列为县级重点文物加以保护。

众所周知，沿海的滩地多为盐碱地，地下水因海水内浸掺和，多半为咸水或半咸水,不能灌溉庄稼，更不能饮用。但南澳岛上的这个海滩古井却不是这样,不仅井泉喷涌，而且水质清甜，即使把苦咸的海水倒入古井，隔一会儿，井水依然纯净清甜。

古井水比当地自来水还纯净，因此每当古井出现时，本县乃至潮汕、广州等地许多人不辞辛苦，前来观赏和汲水，捎回家中珍藏。据说此水贮存十几年也不腐，而且水质仍旧纯净。至于为什么会如此，这个谜底还有待人们进一步研究和揭晓。

第六章
海洋家族“姐妹花”

海洋包裹着地球的表面，一般人们将这些占地球很大面积的咸水水域称为“洋”，世界上共有太平洋、大西洋、印度洋、北冰洋等。而大陆边缘的海域则被称为“海”或“海湾”，不同的海可根据所处位置的不同分为内陆海、陆间海和边缘海三类。海与洋一起被称为海洋家族的“姐妹花”。它们相融相通，为地球增添了更美的姿色。

第一节　性格迥异的大洋

世界第一洋：太平洋

太平洋是地球上四大洋中最大、最深、边缘海和岛屿最多的海洋。它位于亚洲、大洋洲、美洲和南极洲之间，北经白令海峡与北冰洋连接，东经巴拿马运河和麦哲伦海峡、德雷克海峡沟通大西洋，西经马六甲海峡和巽他海峡通印度洋，西南以塔斯马尼亚岛东南角至南极大陆的经线与印度洋分界，东南以通过南美洲最南端的合恩角的经线与大西洋分界，总轮廓近似圆形。太平洋南北最长为 1.59 万千米，东西最宽为 1.99 万千米，总面积为 17868 平方千米，体积为 70710 万立方千米，平均深度为 3957 米，最大深度

太平洋是最大的洋

为 11034 米（位于马里亚纳海沟中），均居各大洋之首。通常以南、北回归线为界，将太平洋分为南、中、北太平洋，或以赤道为界分南、北太平洋，也有以东经 160° 为界分东、西太平洋的。

你知道吗

太平洋名称的由来

中国古代称太平洋为“沧海”“东海”等，西方古代称太平洋为“南海”。现在使用的太平洋名称是葡萄牙著名航海家麦哲伦所起的。1519 年，麦哲伦率领船队横渡大西洋，几个月后到达南美洲的巴西海岸。接着他们沿海岸继续向南航行抵达南美洲最南端，然后从东向西穿过一条曲折的海峡——后来以他的名字命名的麦哲伦海峡，进入太平洋海域。麦哲伦发现这里波平如镜，与波浪滔天的大西洋形成鲜明的对比，于是，他给这片大洋起名为“太平洋”。“太平”一词即“和平”之意。

流入太平洋的河流有：美洲大陆的育空河、哥伦比亚河和科罗拉多河以及亚洲大陆的长江、黄河、珠江、黑龙江和湄公河等。美洲大陆的河流流量都比较小，而亚洲大陆的河流流量较大，估计亚洲大陆排水面积的 1/7 进入太平洋。

太平洋有许多附属海，绝大部分都集中于亚洲沿岸。属于北太平洋的海有白令海、鄂霍次克海、日本海、渤海、黄海、东海；属于中太平洋的海有南海、苏禄海、苏拉威西海、马鲁古海、哈马黑拉海、斯兰海、爪哇海、巴厘海、弗洛勒斯海、萨武海、班达海、帝汶海、阿拉弗拉海、俾斯麦海、珊瑚海、所罗门海；属于南太平洋的海有塔斯曼海、罗斯海、阿蒙森海、别林斯高晋海。太平洋边缘的海湾有渤海湾、杭州湾、北部湾、阿拉斯加湾、加利福尼亚湾。

太平洋中的岛屿约有 1 万个，总面积为 440 多万平方千米，约占世界岛屿总面积的 45%，主要分布

珊瑚海美景

斐济岛

在中部和西部。中部是一些零星分布的大洋岛(火山岛、珊瑚岛);西部主要是大陆岛，如日本群岛、加里曼丹岛、新几内亚岛等，其中新几内亚岛是太平洋中最大的岛屿，也是世界第二大岛。

环太平洋地带是地球表面地质活动最活跃的地带，全球约85%的活火山和约80%的地震都集中在这一地区，该地区被称为环太平洋火山与地震带。太平洋东岸的美洲科迪勒拉山系和太平洋西缘的花彩状群岛是世界上火山活动最剧烈的地带，活火山多达370座，有“太平洋火圈”之称。太平洋地震带分布于濒临太平洋的大陆边缘与岛屿，从南美西海岸安第斯山开始，向南经南美洲南端、马尔维纳斯群岛到南乔治亚岛；向北经墨西哥、北美洲西岸、阿留申群岛、堪察加半岛、千岛群岛到日本群岛；然后分成两支，一支向东南经马里亚纳群岛、关岛到雅浦岛，另一支向西南经琉球群岛、中国台湾、菲律宾到苏拉威西岛，与地中海-印尼地震带汇合后，经所罗门群岛、新赫布里底群岛、斐济岛到新西兰。这条地震带集中了全球大量的浅源地震、90%的中源地震、几乎所有深源地震和大部分的特大地震。

1. 太平洋的洋流

太平洋洋流以北纬 5° ~ 10° 为界，分成南北两大环流：北部环流由北赤道暖流、黑潮、日本暖流、北太平洋暖流、加利福尼亚寒流组成，沿顺时针方向运行；南部环流由南赤道暖流、东澳大利亚暖流、西风漂流、秘鲁寒流组成，沿逆时针方向运行。两大环流之间为赤道逆流，由西向东运行，流速为 2000 米 / 时。在北太平洋的亚北极海区，还有由阿拉斯加海流、亲潮（千岛寒流）和北太平洋流构成的逆时针环流；在南太平洋的亚南极海区，有环绕南极大陆运行的南极绕极环流。

太平洋里的生物种类，无论是浮游植物、海底植物以及鱼类和其他动物都比其他大洋丰富。太平洋的浮游植物有 380 余种，主要为硅藻、甲藻、金藻和蓝藻等，海底植物由各种大型藻类和显花植物组成，大多附着在水深为 30 ~ 50 米的海底岩石上。太平洋的动物从原生动物到哺乳动物都有，其中鱼类有 2000 多种，主要为鲱、鳕、鲑、鲭、鳟、鲣、沙丁鱼、金枪鱼、比目鱼等鱼类，此外，海豹、海象、海熊、海獭、鲸等海兽也较多。太平洋的渔业收获量占世界渔业收获量一半以上，其浅海渔场面积约占世界各大洋浅海渔场总面积的 1/2，秘鲁、日本、中国舟山群岛、美国及加拿大西北沿海都是世界著名渔场。

另外，太平洋近海大陆架蕴藏有丰富的石油、天然气，主要产油区有加利福尼亚沿海、库克湾、日本西部陆架、东南亚陆架、澳大利

舟山群岛

亚沿海、南美洲西海岸以及中国沿海大陆架。太平洋深海盆地有丰富的锰结核矿层，其中所含的锰、镍、钴、铜四种矿物的储量比陆地上的多几十倍至千倍。此外，太平洋海底砂锡矿、金红石、锆、钛、铁及铂金砂矿储量也很丰富。

太平洋在国际航运业中占有重要的地位，许多条连接亚洲、大洋洲、北美洲和南美洲的重要海、空航线都经过太平洋。太平洋东部的巴拿马运河和西南部的马六甲海峡，分别是通往大西洋和印度洋的捷径和世界主要航道。海运航线主要有东亚—北美西海岸航线、东亚—北美东海岸航线、东亚—南美西海岸航线、东亚沿海航线、东亚—澳大利亚—新西兰航线、澳大利亚—新西兰—北美东与西海岸航线等。太平洋海底电缆发达，1902年、1905年，英国和美国先后在太平洋海底铺设了电缆。目前，加拿大至澳大利亚，美国至菲律宾、日本及印度尼西亚，香港至菲律宾与越南，南美洲沿海各国之间都有海底电缆。近年发达国家在太平洋上空开始利用人造卫星进行通讯联系。

海底电缆

耸立于海面之上的岛屿

2. 太平洋海底

其实，大洋底地貌与陆地有些相像，既有巨大高耸的山脉，辽阔平坦的海底平原，也有深达万米的大海沟。

太平洋的海底地貌起伏较大。在太平洋东部，有一条大洋中脊和纵贯南北的海底山岭，约占太平洋总面积的35%。大洋中脊是巨大的弧形，北从阿留申海盆开始，经阿拉斯加湾、加利福尼亚湾、加拉帕戈斯群岛，与东太平洋海区相连，再向西与印度洋中脊系统相接。

它的北段被美国太平洋沿岸大陆所掩埋，南段是比较明显的东太平洋海岭。大洋中脊是一种巨型构造地带，被一系列与纬度线平行的长达数千千米的断裂带所切割。

在太平洋中部，有一条略呈西北—东南走向的雄伟海底山脉。北起堪察加半岛，经夏威夷群岛、莱恩群岛至上阿莫士群岛，绵延1万多千米，把太平洋分成东西两部分。在这条海底山脉中太平洋山脉以西，除有西北海盆、中太平洋海盆和南太平洋海盆外，还有一片繁星般分散的海底山。这些海底山有的沉没在深海中，有的耸立于海面之上成为岛屿。

夏威夷岛就是中太平洋海底山脉中的一些山峰。它们从5000多米深的海底升起，加上岛上的主峰高出海面4270米，绝对高度达9270

多米，超过了陆地上最高山峰珠穆朗玛峰的高度。可见，海底山的规模是非常宏大的。在中太平洋山脉以东，除北太平洋海盆、东太平洋海盆和秘鲁—智利海盆外，还有辽阔的东太平洋高原和阿尔巴特罗斯海台等。

有趣的是，太平洋最深的地方，不是在中央地带，而是在西部的大陆架地区。在这个地区，有一系列巨大的岛弧和海沟带。岛弧和海沟紧挨在一起，构成地球表面起伏最剧烈的地带，地形高差达 1.5 万米。在岛弧内侧与大陆之间是一系列边缘海，岛弧外侧紧挨着深邃的海沟。其中深度超过 1 万米的有 4 个，世界上最深的马里亚纳海沟 (11 034 米) 就分布在这里。

在太平洋东部、南北美洲沿海一带，没有岛弧，只有海沟，深度超过 6000 米的海沟有 10 多个。其中秘鲁－智利海沟连绵逶迤长达 5900 千米，是世界海洋中最长的海沟。太平洋边缘的大陆架、大陆坡、岛弧和海沟，约占太平洋底总面积的 10%。

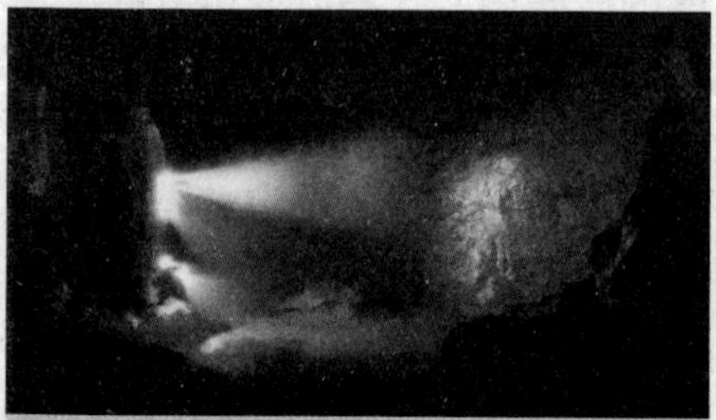

海沟

最活跃的洋：大西洋

大西洋位于欧、非与南、北美洲和南极洲之间。其面积约为 9336.3 万平方千米，约占海洋面积的 25.4%，约为太平洋面积的一半，为世界第二大洋。另外，大西洋平均深度为 3627 米，最深处在波多黎各岛北方的波多黎各海沟中，达 9212 米。

大西洋南接南极洲；北以挪威最北端、冰岛、格陵兰岛南端、戴维斯海峡南边、拉布拉多半岛的伯韦尔港与北冰洋分界；西南以通过南美洲南端合恩角的经线同太平洋分界；东南以通过南非厄加勒斯角的经线同印度洋分界。大西洋的轮廓略呈“S”形。

根据大西洋的风向、洋流、气温等情况，通常将北纬 5° 作为南、北大西洋的分界。大西洋在北半球的陆界比在南半球的陆界长得多，而且海岸曲折，有许多属海和海湾。

大西洋的属海和海湾有加勒比海、墨西哥湾、地中海、黑海、北海、波罗的海、比斯开湾、几内亚湾、哈德逊湾、巴芬湾、圣劳伦斯湾、

加勒比海美景

威德尔海、马尾藻海等。

你知道吗

美丽的巴芬湾

巴芬湾位于北大西洋西北方的海湾，是北冰洋的属湾。但是因为巴芬湾北口狭窄、南口宽广，西方部分文献就把巴芬湾视为大西洋的一部分，或是视为一个比较宽广的海峡，而非海湾。巴芬湾以英国航海家威廉·巴芬的名字命名。

大西洋的岛屿和群岛有大不列颠岛、爱尔兰岛、冰岛、纽芬兰岛、古巴岛、伊斯帕尼奥拉岛及加勒比海和地中海中的许多群岛，格陵兰岛也有一小部分位于大西洋。

大西洋同太平洋不同，它四周的陆地多是广阔的平原、高原和不太高的山岭，而洋底的地形却比较复杂。

在大西洋的中部，有一条纵贯南北的大西洋海岭。它从冰岛海岸起向南延伸，穿过大西洋南部，直到南极洲附近，南北全长达1.5万千米。海岭走向与大西洋的表面形态基本一致，也略呈“S”形。海岭宽度一般在1500～2000千米，约占大西洋总宽度的1/3，高度一般在200～4000米。海岭的中央地带最高，也最陡峭，山峰距海面只有

亚速尔群岛美景

1500 米，有的甚至露出海面成为高峻的岛屿，如亚速尔群岛的山地，从海底升起高出海面 2000 多米。沿着大西洋海岭的脊部有一条非常陡峭深邃的大裂谷，深度达 2000 米，宽 30 ~ 40 千米，长 1000 多千米。它是地壳的一个大裂缝。海岭由许多横向断裂带切断，这些断裂带在地貌上表现为一系列海脊和狭窄的线状槽沟。其中位于赤道附近地区的罗曼希断裂带，全长 350 千米，深达 7864 米，是沟通东西两部分大洋底流的主要通道。它把大西洋海岭明显地分为南北两部分。

大西洋海岭和洋底高地分割了海底，在其东西两侧各形成了一系列深海海盆。东侧主要有西欧海盆、伊比利亚海盆、加那利海盆、佛得角海盆、几内亚海盆、安哥拉海盆和开普敦海盆。西侧主要有北美海盆、巴西海盆和阿根廷海盆。在大西洋的南部，还有大西洋—印度洋海盆。这些海盆一般深度在 5000 米左右，中央很宽广，比较平坦，盆地中堆积着大量的深海软泥。在这些海盆之间，又有几条岭脉、高地突起，有的露出水面形成岛屿。如马德拉群岛、佛得角群岛等。这些海盆约占整个大西洋底面积的 1/3。

大西洋边缘地区的海底地形十分复杂，有大陆架、大陆坡、大陆隆起(海台)、海底峡谷、水下冲积锥和岛弧海沟带。其大陆架面积仅次于太平洋的大陆架面积，为 620 万平方千米，约占大西洋总面积的 8.7%。大陆架宽度变化很大，它从几十千米到 1000 千米不等。如几内亚湾沿岸、巴西高原东段、伊比利亚半岛西侧的大陆架，都很狭窄，一般不超过 50 千米；而在不列颠群岛周围，包括整个北海地区，以及南美南部巴塔哥尼亚高原以东的大陆架，宽度常达 1000 千米左右。大西洋的大陆坡，各海域也不相同，沿欧、非洲的陡峻狭窄，沿美洲的较宽较缓。在大西洋海底大陆坡和深海盆之间，分布着一些大陆隆起，较大的有格陵兰—冰岛隆起、冰岛—法罗隆起、布茵克隆起和马尔维纳斯隆起。在格陵兰岛与拉布拉多半岛之间的中大西洋海底峡谷和密西西比河、亚马孙河、刚果河、莱茵河等河流河口附近，分布着一些半锥状的水下冲积锥，规模一般只有数百平方米。此外，大西洋还有两个岛弧海沟带，即大、小安的列斯群岛的双重岛弧海沟带和南美南端与南极半岛之间的岛弧海沟带。其中大安的列斯岛弧北侧的波多黎各海沟，长达 1550 千米，宽 120 千米，深达 8648 米，是大西洋的最深点。

大西洋的气候，南北差别较大，东西两侧亦有差异。气温年较差不大，赤道地区不到 1℃，亚热带纬区为 5℃，北纬和南纬 60° 地区为 10℃，仅大洋西北部和极南部超过 25℃。大西洋北部盛行东北信风，南部盛行东南信风。温带纬区地处寒暖流交接的过渡地带和西风带，风力最大。在南北纬 40° ~ 60° 之

亚马孙河美景

间多暴风；在北半球的热带纬区，5 ~ 10月常有飓风。大西洋地区的降水量，高纬区为500 ~ 1000毫米，中纬区大部分为1000 ~ 1500毫米，亚热带和热带纬区从东往西为100 ~ 1000毫米以上，赤道地区超过2000毫米。大西洋水面气温在赤道附近平均约为25 ~ 27℃，在南北纬30°之间东部比西部冷，在北纬30°以北则相反。在大西洋范围内，南、北两半球夏季浮冰可分别达南北纬40°附近。

大西洋的洋流南北各成一个环流系统：北部环流为顺时针方向运行，由北赤道暖流、安的列斯暖流、墨西哥湾暖流、加那利寒流组成，其中墨西哥湾暖流延长为北大西洋暖流，远入北冰洋；南部环流为反时针方向运行，由南赤道暖流、巴西暖流、西风漂流和本格拉寒流组成。在两大环流之间有赤道逆流，赤道逆流由西向东至几内亚湾，称为几内亚暖流。

墨西哥湾美景

最年轻的洋：印度洋

印度洋是世界第三大洋，是地质年代最年轻的大洋。印度洋位于亚洲、南极洲、大洋洲和非洲之间，北部封闭，南部敞开并与太平洋和大西洋相通，西南以通过南非厄加勒斯角的经线同大西洋分界；东南以通过塔斯马尼亚岛东南角至南极大陆的经线为界与太平洋相连；东北部边界北起马六甲海峡北端，沿苏门答腊岛、爪哇岛、努沙登加拉群岛南岸到新几内亚岛（伊里安岛）南岸的布季，越过托雷斯海峡与澳大利亚约克角的连线，以及塔斯马尼亚东南角至南极大陆的经线，与太平洋为界。印度洋的面积约为7617.4万平方千米，平均深度为3711米，最大深度为7450米（位于爪哇海沟）。鉴于南极绕极水域独特的水文特征，许多海洋学家主张把副热带辐合线以南的印度洋水域划为南大洋。

印度洋的属海和海湾主要有红海、阿拉伯海、安达曼海、萨武海、帝汶海、阿拉弗拉海、亚丁湾、波斯湾、阿曼湾、孟加拉湾、卡奔塔

波斯湾

利亚湾、大澳大利亚湾等。

你知道吗

孟加拉湾

孟加拉湾是印度洋北部的一个海湾，西临印度半岛，东临中南半岛，北临缅甸和孟加拉国，南在斯里兰卡至苏门答腊岛一线与印度洋本体相交，经马六甲海峡与暹罗湾和南海相连。其宽约1600千米，面积217万平方千米；水深2000～4000米，南部较深；盐度30‰～34‰。沿岸国家有印度、孟加拉国、缅甸、泰国、斯里兰卡、马来西亚和印度尼西亚。它是世界第一大海湾，是太平洋和印度洋之间的重要通道，近海有大量浮游生物，湾内有安达曼群岛和尼科巴群岛。

印度洋中的岛屿较其他大洋要少，其中大部分是大陆岛，如马达加斯加岛和非洲东岸边缘的许多小岛，以及安达曼群岛、尼科巴群岛、索科特拉岛、斯里兰卡岛、明打威群岛等。另外也有不少火山岛，如留尼汪岛、科摩罗群岛、阿姆斯特丹岛、克罗泽群岛、凯尔盖朗群岛等。此外还有一些珊瑚岛，如中印度洋海岭北部的拉克沙群岛、马尔代夫群岛、查戈斯群岛，以及爪哇西南的圣诞岛、科科斯群岛等。

印度洋南部的洋流比较稳定，终年维持一个反时针方向的环流，由南赤道暖流、莫桑比克暖流、厄加勒斯暖流、西风漂流、西澳大利亚寒流组成。印度洋北部洋流受季风影响形成季风暖流，冬夏流向相反，冬季为逆时针方向，夏季为顺时针方向。

印度洋海水上层浮游生物很丰富，共有 37 种浮游植物，其中硅藻 29 种，甲藻 7 种，蓝藻 1 种，后者是印度洋所特有的；浮游动物以桡足类甲壳动物为主，此外，还有介形类甲壳动物、毛颚动物、磷虾类、有壳翼足类、有尾类等；底栖生物，深水区以多毛类环节动物为主，异足类和等足类甲壳动物次之，浅水区，甲壳动物几乎与多毛类环节动物相等。印度洋的热带近海鱼类有 3000 ~ 4000 种，主要经济鱼类有飞鱼、金鲭、金枪鱼、马鲛鱼等，鲸、海豹、企鹅也很多，海生哺乳动物中的儒艮是印度洋特产。近几十年来，对金枪鱼、虾、底层鱼类的捕捞有很大发展，尤其是北部沿岸国家捕虾拖网渔业的发展更为迅速。

印度洋的海底地貌，与其他大洋相比，表现出复杂多样的特点。在印度洋海底中部，分布着“人”字形的中央梅岭。它是由中印度洋海岭、西印度洋海岭和南极 - 澳大利亚海丘组成的，三者在罗德里格斯岛交汇。中印度洋海岭是中央梅岭的北部分支，由一系列岭脊组成，一般高出两侧海盆 1300 ~ 2500 米，个别高出海面形成岛屿，如罗德里

金枪鱼

阿姆斯特丹美景

格斯岛、阿姆斯特丹岛等。中印度洋海岭向西北叫阿拉伯—印度梅岭，再向西延伸进入亚丁湾，与红海和东非裂谷系统相连。西印度洋海岭是中央海岭的西南分支，在阿姆斯特丹附近与中印度洋海岭相连，经爱德华群岛后，称为大西洋—印度洋海丘，与大西洋海岭南端相连。南极—澳大利亚海丘是中央梅岭的东南分支，在阿姆斯特丹岛附近与中印度洋海岭相连。印度洋中央梅岭由一系列平行于中脊轴的岭脊组成，岭脉崎岖错杂，宽度最大的达1500千米，其间还分布着许多横向的断裂带。

“人”字形的中央海岭，把印度洋分为东部、西部和南部三大海域。东郊区域被东印度洋海岭分隔为中印度洋海盆、西澳大利亚海盆和南澳大利亚海盆。这些海盆都比较广阔，海水较深。西部区域海岭交错分布，分隔出一系列海盆，主要有索马里海盆、马斯克林海盆、马达加斯加海盆和厄加勒斯海盆。这些海盆面积较小，海水较浅。南部区域地形较为简单，有克罗泽海盆、大西洋—印度洋海盆和南极东印度洋海盆。这些海盆一般深度为

4500 ~ 5000 米。

印度洋海底的油气资源十分丰富，油气年产量约为世界海洋油气总产量的 40%，波斯湾、红海、阿拉伯海、孟加拉湾、苏门答腊岛与澳大利亚西部沿海都蕴藏有海底石油。其中波斯湾是世界海底石油最大的产区，这里是美国、日本等发达国家石油的重要供应地。此外，印度洋滨海砂矿和洋底锰结核资源也比较丰富。

世界最小的洋：北冰洋

北冰洋是世界最小、最浅和最冷的大洋。北冰洋大致以北极圈为中心，位于地球的最北端，被欧洲大陆和北美大陆环抱着，有狭窄的白令海峡与太平洋相通。通过格陵兰海和许多海峡与大西洋相连，是世界大洋中最小的一个，面积仅为 1500 万平方千米，不到太平洋的 1/10。它的深度为 1097 米，最深为 5499 米。古希腊曾把它叫作“正对大熊星座的海洋”。1650 年，荷兰探险家 W. 巴伦支，把它划为独立的大洋，叫大北洋。1845 年，英国伦敦地理学会命名，经汉文翻译为“北冰洋”。

北冰洋大致以北极为中心，四周为亚欧和北美大陆所包围的地球最北部水域，它以俄罗斯的杰日尼奥夫角经白令海峡到美国阿拉斯加

北冰洋风光

现在的北冰洋

州威尔士王子角的连线与太平洋分界。北冰洋有常年不化的冰盖，是世界上最冷的大洋。

北冰洋沿岸多暴风雪，气候严寒，每年封冻时间很长，自然资源贫乏，经济活动和交通运输都不发达。冰冻使北冰洋大部分地区不能通航，仅剩下受北大西洋暖流支流影响的巴伦支海南部海域可全年自由通航。北冰洋上空还是联系亚、欧、北美三大洲北部之间的最短航空线所在，地理位置十分重要。

北冰洋是如何起源的？海洋地质学家通过长期研究认为，北冰洋的形成，它和北半球劳亚古陆的破裂、解体有着很大关系。洋底的扩张过程，起自于古生代晚期，而主要是在新生代实现的。它是以地球北极为中心，通过亚欧板块和北美板块的洋底扩张运动，而产生了北冰洋海盆。现在北冰洋底所发现的“北冰洋中脊”，即为产生冰洋底地壳的中心线。在该洋底还同时发现了与北冰洋中脊相平行的两条海岭，即枣罗蒙诺索夫海峡和门捷列夫海峡，即老大洋中脊，说明北冰洋的海底扩张运动，曾进行过不止一次。2000 万年前，北冰洋最多只算是一个巨大的淡水湖，湖水通过一条狭窄的通路流入大西洋。然后在 1820 万年前，由于地球板块的运动，狭窄的通道渐渐变成较宽的海峡，大西洋的海水开始流进北极圈，慢慢形成了今天的北冰洋。这是瑞典科学家分析了 2004 年从北冰洋海底采集的沉淀物后，得出的上述结论。

瑞典斯德哥尔摩大学的马丁·杰克逊等人曾发表报告说，他们从北冰洋中部靠近北极的罗蒙诺索夫海岭采集了 428 米厚的沉淀物，其中一段 5.6 米厚的沉淀物具有特别重要的意义。这段沉淀物形成于 1820 万年前至 1750 万年前，分成颜色不同的三段，其最下层是黑色沉淀物，其中含有很多没有分解的有机物，这说明当时北冰洋底无法获得足够的氧来进行降解。杰克逊说，从 1820 万年前开始，连接北冰洋和大西洋的费尔姆海峡夹在格陵兰岛与斯瓦尔巴特群岛之间开始变宽，于是他们猜想当时淡水从北极水面流出，而较重的海水则从下面流入，这些缺氧的海水导致了黑色沉淀物的形成。

随着费尔姆海峡的扩张，海水开始从水面涌入北冰洋，它们吸收了氧气后才沉入水底，这样水底开始出现氧气和海洋生物，对应的沉淀物也变成了灰色。最后，北冰洋的淡水全换成了海水，在海底开始出现氧化铁、氧化锰以及海洋生物化石。瑞典科学家说，他们还无法确定北冰洋形成的准确时间，不过这一过程可能经历了约 75 万年。北冰洋虽是一个冰天雪地的世界，气候严寒，还有漫长的极夜，不利于动植物的生长，但它并不是人们想象的寸草不长，生物绝迹的不毛之地。当然比起其他几大洋来，其生物的种类和数量是比较贫乏的。海岛上的植物主要是苔藓和地衣，南部的一些岛屿上有耐寒的草本植物

冰山上的北极熊

和小灌木；动物以生活在海岛、浮冰和冰山上的白熊最著名，被誉为“北极的象征”，其他还有海象、海豹、雪兔、北极狐、驯鹿和鲸鱼等。由于气温和水温很低，浮游生物少，故鱼类的种类和数量也较少，只有巴伦支海和格陵兰海因处在寒暖流交汇处，鱼类较多，盛产鲱鱼、鳕鱼，是世界著名渔场之一。夏季在西伯利亚沿岸一带鸟类很多，形成独特的“鸟市”。值得注意的是，北冰洋海域的矿产资源相当丰富，是地球上一个还没有开发的资源宝库，特别是巴伦支海、喀拉海、波弗特海和加拿大北部岛屿以及海峡等地，蕴藏有丰富的石油和天然气，估计石油储量超过 100 亿吨。

你知道吗

北冰洋上的霸主——北极熊

北极熊又称白熊，是在北极里生长的熊，它是陆上最庞大的肉食动物。在它生存的空间里，它是食物链最顶层。它拥有极厚的脂肪及毛发来保暖，其白色的外表在雪白的雪地上是良好的保护色，而且它可以在陆上及海上捕捉食物，因此它能在北极这种极其严酷的气候里生存。雄性北极熊身长大约 240 ~ 260 厘米，体重一般为 400 ~ 800 千克。而雌性北极熊体形约比雄性小一半左右，身长约 190 ~ 210 厘米，体重约 200 ~ 300 千克。到了冬季睡眠时刻到来之前，由于脂肪将大量积累，它们的体重可达 800 千克。

英国著名海洋专家、剑桥大学教授彼得·维德汉姆曾发表研究成果时声称，到 2015 年夏，北极海冰将完全融化，这将对北极熊等生物的天然栖息地造成毁灭性破坏。维德汉姆教授表示，北冰洋的海冰正在快速地萎缩，最短只需要 4 年时间就可完全消失。尽管每年冬天海冰还将会重新出现，但是在夏季没有海冰的日子里，北极熊等动物将失去天然的捕猎场所，这将严重威胁它们的生存，最终可能导致物种的灭绝。俄罗斯北部、加拿大以及格陵兰岛的冰量会随着季节的变化而出现反复，目前已达到最小值，大约 400 万平方千米。后来，相关机构采用了多种信托网模型对被海冰覆盖区域的萎缩速度进行跟踪监测，联合国政府间气候变化专门委员会的预测数据显示，全球海冰萎缩速度还将加剧，但认为到 2030 年这些海冰仍然存在。

不过，美国海军研究院专家马斯劳维斯基的推算结果是，北极海冰的消失速度比联合国预测的速度更快。这一理论引起了许多争议，但是维德汉姆认为这种计算更具说服力。维德汉姆表示："尽管他的模型最极端，但这也是目前最好的模型。它能够显示冰量的减少速度，这一速度非常快，我们可能很快就看到冰量降到零。2015年，这是我得出的一个非常严重的预测结果。"

到了冬季，海冰仍然会出现。但维德汉姆担心，在夏季无冰期间，人类在北极的船运业务以及石油勘探行为将会大大增加，这将对当地物种造成严重威胁。冬季时，北极熊会在陆地上冬眠，但到了春季它们就会转移到冰上进行捕猎。维德汉姆表示："现在每个人都意识到了这一严重的问题，就是北极熊的生存问题。它们要么被灭绝，要么回到陆地上捕猎。陆地栖息以及杂交繁殖也可能导致北极熊物种的消失。"

北冰洋的海底地貌比较简单。在北冰洋中部，横卧着两条海岭，即罗蒙诺索夫海岭和门捷列夫海岭。罗蒙诺索夫海岭略呈西北—东南走向，从新西伯利亚群岛起，经北极的中央部分，直达格陵兰海岸。门捷列夫海岭与罗蒙诺索夫海岭大致平行，在东西伯利亚海域符兰格尔岛与加拿大最北端的埃尔斯米尔岛之间，规模比罗蒙诺索夫海岭要小一些。两条海岭把北冰洋海底分为三个海盆，即南森海盆、加拿大海

海冰萎缩

海冰融化直接影响北极熊的生存

盆和马卡罗夫海盆。其中南森海盆深度为5449米，是北冰洋的最深处。

北冰洋海底地貌最突出的特点是大陆架非常宽广，总面积达440万平方千米，占北冰洋总面积的33.6%，是世界4个大洋中大陆架面积占大洋总面积比例最大的一个洋。大陆架在北冰洋边缘地区均有分布，但主要分布在亚欧大陆一侧的东西伯利亚海、拉普帖夫海、喀拉海、巴伦支海、挪威海以及格陵兰海海域。在大陆架地区，有极为丰富的石油和天然气资源。沿海岛屿有煤、铁、铜、铅、锌等矿藏。

第二节　异彩纷呈的大海

中国大门：渤海

渤海是中国大陆东部唯一半封闭的内陆海，也是我国唯一的内海。古称沧海、北海，位于中国海区最北部，周围濒临辽宁、河北、山东和天津市海岸，东部以渤海海峡与黄海相通。东北至西南纵长约 480 千米，东西向最宽约 300 千米，面积约 7.7 万平方千米，是中国海区面积最小的海区。它由辽东湾、渤海湾、莱州湾、中央浅海盆地和渤海海峡五部分构成。渤海沿岸有营口港、葫芦岛港、秦皇岛港、天津新港等重要港口。

渤海沿岸有黄河、海河、辽河等 20 多条河流注入，造成海域泥沙淤积，致使海底地势平坦。渤海水浅，平均水深 18 米，大部分海域水深不

渤海

足30米，最大深度位于渤海海峡北部的老铁山水道，深达86米。陆地海岸线总长2700多千米。共有岛屿400多个，著名的岛屿有庙岛群岛、长兴岛、西中岛、凤鸣岛、菊花岛、蛇岛等。其中，庙岛群岛纵向排列在渤海海峡中，由32个岛屿组成，是守卫渤海的天然屏障，具有重要的军事价值。蛇岛是我国最早的蛇类自然保护区。

你知道吗

中国蛇岛

蛇岛又名“小龙山岛”，位于大连市旅顺口区西北面的渤海之中，距旅顺港25海里，总面积约1平方千米。小岛主峰海拔216米，岛上有7条山脊、6条沟、7处岩洞，四周除有一小片卵石滩外，均为悬崖峭壁，岛上有蛇1.3万余条。蛇岛是世界上唯一的只生存单一蝮蛇的海岛，岛上只有一种黑眉蝮蛇属剧毒蛇。但是岛上的蛇一般不袭击人，只要不触犯它，即使离它很近也无害。目前蛇岛的蝮蛇种群已由保护区建立初期的9000条左右增加到了2万多条，取得蝮蛇科研最新成果。

渤海水域冬季多偏北风，夏季多偏南风。1月份平均气温8.1℃～1.5℃，8月份为24℃～26℃。冬季表层最低水温–1℃～2℃，夏季最高26～28℃。表层盐度年平均值为29‰～30‰。冬季部分海域出现结冰现象。

渤海内资源丰富，经勘探得知，含油气的盆地面积约占海域总面积的2/3。渤海沿岸年产盐量达400多万吨，约占全国海盐总产量的1/3，是中国最大、最集中的海盐产区。鱼类众多，以盛产对虾、毛虾最为出名。

资源丰富的渤海

混浊之海：黄海

黄海位于渤海海峡外侧，中国大陆与朝鲜半岛之间。它西临山东半岛和苏北平原，东濒朝鲜半岛，北端是辽东半岛，南部以长江口与济州岛连线同东海相接。其南北长800多千米，东西最宽约650千米，面积约38万平方千米。习惯上人们以山东半岛的成山角与朝鲜龙渊半

济州岛风景

岛的长山串连线为界，将黄海划分为南、北黄海两部分，其中，南黄海面积约30万平方千米，北黄海面积约8万平方千米。海区内大的海湾不多，在我国一侧主要有胶州湾、海州湾，在朝鲜半岛西侧有西朝鲜湾、江华湾等。重要的港口有我国的大连、旅顺、烟台、威海、青岛、日照、连云港，朝鲜的南浦，韩国的仁川、木浦等。

注入黄海的河流较多，主要有中国的淮河、大洋河、射阳河、灌河，朝鲜的大同江，韩国的汉江、锦江，以及中、朝两国界河鸭绿江。黄海平均水深44米，其中北黄海平均水深38米，南黄海46米，最深处100多米。在中国海域内的海岸线长4000多千米。位于我国沿岸的岛屿约500个，较大的有长山群岛、刘公岛、镆铘岛、灵山岛、东西连岛等，朝鲜有身弥岛、椒岛等，韩国有大青群岛、江华岛、古群山群岛、黑山诸岛、济州岛等。

黄海气候受大陆影响较大。冬季，北部平均气温约-2℃~2℃，南部2℃~7℃；夏季，北部平均气温23℃~24℃，南部为24℃~26℃。年平均表层水温为12.36℃。表层盐度年平均值为31.27‰。

黄海资源丰富。南黄海内储油气盆地面积约9万平方千米；盛产对虾、黄鱼、带鱼等；沿岸盐田较多，最大的盐田是江苏淮北盐场，为我国四大盐场之一。

由于黄海周边涉及中、朝、韩三个国家，又是海上进入渤海的必经水域，因此，其战略位置十分重要。历史上曾在该海域多次发生过海战，较著名的有中日甲午海战、日俄海战等。

中国第一海：南海

南海是中国最深、最大的海，也是仅次于珊瑚海和阿拉伯海的世界第三大陆缘海。南海位于中国大陆的南方，它北靠中国华南大陆，东邻菲律宾群岛，南界加里曼丹岛和苏门答腊岛，西接马来半岛和中南半岛。东北部经台湾海峡与东海相通，又经巴士海峡、巴林塘海峡和巴布延海峡与太平洋相连；东南部经民都洛海峡、巴拉巴克海峡与苏禄海相通；南部经卡里马塔海峡、加斯帕海峡与爪哇海相接；西南经马六甲海峡与印度洋相通。南海面积约350万平方千米，平均深度约1212米，最大深度为5377米，位于马尼拉海沟南端。

南海是一个长轴为东北—西南向的菱形海域，岛屿众多，除海南岛、黄岩岛及西沙群岛中的石岛等岛屿外多为珊瑚岛、礁。中国在南海中的重要岛屿有海南岛，东沙、西沙、中沙、南沙等群岛和黄岩岛等。

南海热带海洋性季风气候非常明显，每年10月以后，从西伯利亚和蒙古高原吹来的冬季气流不断奔向我国南方海洋。所以南海与南海

南海是中国最深、最大的海

北部湾美景

诸岛每年11月至次年3月盛行东北季风；每年4月开始，南海与南海诸岛转而受热带与赤道海洋气团的影响，5月至9月盛行西南季风；4月和10月是季风转换时期。受其影响，南海的海流也有明显的季风特点，夏天流向东北，冬天流向西南。

北部湾和泰国湾（原称暹罗湾）为南海的两大海湾。流入南海的主要河流有珠江、韩江及红河、湄公河、湄南河等。南海水产丰富，盛产海电、海参、牡蛎、马蹄螺、金枪鱼、红鱼、鲨鱼、大龙虾、梭子鱼、墨鱼、鱿鱼等热带名贵水产。此外，北部湾、莺歌海、珠江口等盆地蕴藏着丰富的油气资源，远景甚好。

你知道吗

西沙群岛盛产海参

海参属热带海洋中的棘皮动物，是一种名贵的海产品。海参种类很多，全世界约40种海参可供食用，而西沙群岛出产20种，西南中沙群岛素以其种类多、分布广、参体大、品质优良著称于世。其中以白乳参、乌乳参和梅花参最为珍贵。梅花参被誉为“参中之王”，为著名的食用海参。大者体长1米有余，重二三十斤。加工成干品后肉厚脆嫩，炖食不仅美味可口，而且营养丰富，滋补性非常显著。

中沙群岛是白鲣鸟的主要栖息场所

南海西南的中沙群岛岛礁陆地总面积不过10多平方千米，但是由于气候适宜、雨量充沛，生长着200多种高等植物。其中人工栽培的植物近50种。岛上植物具有耐盐、耐高温、耐旱、喜钙、嗜肥的特征。在形成时间较长和面积较大的几个主要岛屿上，都生长有茂密的树林。一般以麻枫桐树组成的纯林为主，称为“热带海岛型常绿林”。麻枫桐树，树高10米左右，胸径30～50厘米；树枝横生，粗大短壮，从根部到树顶都可生长叶子，叶色淡绿带白，故又名“白避霜花”，麻枫桐树往往丛生在一起，长成森林。对海鸟来说，枝杈较多，易于筑巢，且树要茂密可抵御风雨，是白鲣鸟和其他海鸟的主要栖息场所。

著名渔场：北海

北海位于大不列颠岛与欧洲大陆之间，是大西洋东北部的边缘海。北海不但是世界四大渔场之一，而且自20世纪60年代以来，北海的北部海域还发现了丰富的石油、天然气资源，成了世界著名海底油、气产区之一。

北海西以大不列颠岛和奥克尼群岛为界，北为设得兰群岛，东邻挪威和丹麦，南接德国、荷兰、比利时、法国，西南经多佛尔海峡和英吉利海峡通大西洋。北部的开阔水域与大西洋连成一片，东经斯卡格拉克海峡、卡特加特厄勒海峡与波罗的海相通。它南北长1000千

黄昏时分的北海

北海渔港

米，东西宽 640 千米，面积 57 万平方千米。大部分水深在 100 米以下，南部不足 40 米，是世界著名的浅海之一。

北海之所以是边缘海，是因为它的整个构造海盆都在大陆地壳上。这种海盆，在某种程度上，是一个地槽（长条沉积矿床的位置），从前至少两次褶皱成山脉。每一次，这些山脉都被冲刷走，只留下英格兰与大陆之间的浅盆。大约在 2.3 亿年前，北海周围的陆地都是沙漠，由于蒸发量大，从北方流入的水有限，形成了巨大的蒸发岩沉积。现在，在北海海底和德国、丹麦发现的盐丘，就是这些蒸发岩的代表。北海海底构造形成的历史，与北海及其邻近国家现正在开发的广阔油田有直接联系。

北海的海岸线大致以英格兰东海岸的弗兰伯勒角为界分成南北两段：北段险峻岸陡，南段低平和缓。北段的挪威和苏格兰沿岸多悬崖，其中，挪威斯塔万格以北的山地海岸被冰川作用形成的峡湾和陆岬分割，突岩交错，峭壁耸立，岸边岛屿众多，为著名的峡湾海岸；苏格兰的东海岸由高地构成，虽成陡崖，并不破碎。在弗兰伯勒角以南，崖岸的高度降低，海岸由易侵蚀的泥砾构成，在海浪的冲击下，海岸线不断后退。东英格兰、比利时、荷兰、联邦德国和丹麦的大部分海岸是低地和沼泽，沿岸多沙丘。因陆地继续下沉，围垦的滩涂需修筑堤坝以防海浸。

北海是世界著名的渔场之一。年平均捕获量在 300 万吨左右，约占世界捕获量的 5%，鲱鱼和鲐鱼几乎占总捕捞量的一半，其他有鳕鱼和比目鱼等。鲜鱼的产量占世界的一半，附近各国沿海人民均以渔业为主要工业。

除了出产大量的鱼类外，北海的海底还蕴藏着丰富的石油和天然气。1959 年以来，受荷兰陆上发现的格罗宁根天然气田的影响，掀起了北海油气资源的勘探热潮。1965 年 9 月，英国首先发现有经济价值的近海气田，1967 年正式投产。此后，挪威、丹麦、德国等相继开发油、气田。在北海油田的开发中，挪威和英国获益颇多，它们分别于 1975 年和 1984 年开始成为西欧的石油出口国。

北海是世界上最繁忙的海域之一，是沿岸各国以及欧洲与其他各洲之间大宗货运的主要航道。

北海航道上的货运船舶

红色的大海：红海

红海位于亚非两洲之间，是世界上海水最热的海，也是最年轻的海。它的面积为45万平方千米，长2100千米，平均宽约290千米，平均深度为558米，最深处达2740米。

红海北端分叉变成两个小海湾，西面是苏伊士湾，并通过苏伊士运河与地中海相连；东面是亚喀巴湾。南部通过曼德海峡与亚丁湾、印度洋相连。

红海最奇特的地方莫过于它的“热”了。地球海洋表面的年平均水温是17℃，而红海的表面水温8月份可达27℃～32℃，即使是200米以下的深水，也可达到约21℃。

更为奇怪的是在红海深海盆中，水温竟高达60℃。这是因为红海地处北回归高压带控制的范围，腹背受北非和阿拉伯半岛热带沙漠气候的影响，气候终年干热，所以水面总是热腾腾的。海底扩张也使地壳出现了裂缝，岩浆沿裂缝不断上涌，海底岩石就被加热了，所以海水底部水温特别高。

红海美景

你知道吗

红海名称的由来

关于红海名称的由来有众多说法，其中，最重要的是用海水的颜色来解释红海的名字。这种解释又分为三种观点：说红海里有许多色泽鲜艳的贝壳，因而使水色深红；认为红海近岸的浅海地带有大量黄红的珊瑚沙，使得海水变红；说红海是世界上温度最高的海，适宜生物的繁衍，所以表层海水中大量繁殖着一种红色海藻，使得海水略呈红色，因而得名红海。

红海的海滩是大自然精美的馈赠。清澈碧蓝的海水下面，生长着五颜六色的珊瑚和稀有的海洋生物。远远看去，层林叠翠，连绵的山峦与海岸遥相呼应。这些海滩是适宜露营的宽阔平原，鬼斧神工的自然景观和冬夏都非常宜人的气候共同组成了美轮美奂的风景画，让游人陶醉于人间天堂之中。

红海沿岸主要的旅游区有沙姆沙伊赫、赫尔格拉、阿里什、穆罕

红海的沙滩

默德角、泽哈卜、努维巴等。这些地区以闪光的沙滩、美丽的珊瑚海、丰富的海洋生物及一流的休闲场所等闻名于世。红海是世界上最适宜潜水的海域之一，也是水上运动者的天堂。

另外，红海上最有特色的港口萨法贾，拥有盐量很高的海水和黑泥沙滩，可以治疗风湿病和皮肤病，是世界上最适合疗养度假的胜地之一。

重要的海上通道：加勒比海

加勒比海是大西洋西部的一个边缘海。西部和南部与中美洲及南美洲相邻，北面和东面以大、小安的列斯群岛为界。其范围定为：从尤卡坦半岛的卡托切角起，按顺时针方向，经尤卡坦海峡到古巴岛，再到伊斯帕尼奥拉岛(海地、多米尼加共和国)、波多黎各岛，经阿内加达海峡到小安的列斯群岛，并沿这些群岛的外缘到委内瑞拉的巴亚角的连线为界。尤卡坦海峡峡口的连线是加勒比海与墨西哥湾的分界线。加勒比海东西长约 2735 千米，南北宽在 805 ~ 1287 千米之间，总面积为 275.4 万平方千米，容积为 686 万立方千米，平均水深为 2491 米。现在所知的最大水深为 7100 米，位于开曼海沟。

加勒比海也是沿岸国最多的大

加勒比海的优美景色

海。在全世界50多个海中，沿岸国达两位数的只有地中海和加勒比海两个。地中海有17个沿岸国，而加勒比海却有20个，包括中美洲的危地马拉、洪都拉斯、尼加拉瓜、哥斯达黎加、巴拿马；南美的哥伦比亚和委内瑞拉，大安的列斯群岛的古巴、海地、多米尼加共和国以及小安的列斯群岛上的安提瓜和巴布达、多米尼加、特立尼达和多巴哥等。

加勒比海因当地原居住加勒比印第安人而得名。西北通过尤卡坦海峡与墨西哥湾相通，北、东通过向风海峡、莫纳海峡和大、小安的列斯群岛间一系列海峡与大西洋相通。它为世界上深度最大的陆间海之一。

你知道吗

加勒比海的灾难

21年前，席卷美国迈阿密一家水族馆的一场热带风暴导致蓑鲉“流窜”到加勒比海。这种带条纹的有毒鱼种，在当地大肆繁衍，严重危害当地生态环境。蓑鲉由于食量惊人，一条蓑鲉半小时内可吃掉20条小鱼。如今，蓑鲉在加勒比海分布广泛，并已出现在一些渔业资源稀缺、潜水者众多的区域，如古巴、海地及美国佛罗里达州沿海。美国有专家认为，这可能是历史上最具破坏力的海洋生物入侵。

加勒比海盆被若干海脊分隔，使之海盆与海沟呈交错分布。最北的尤卡坦海盆，水深约为5000米，北以220千米宽的尤卡坦海峡为界，南有开曼海脊与开曼海沟分隔开。该海脊从古巴直达中美近岸，其东部露出海面的就是开曼群岛。开曼海沟相当狭窄，加勒比海的最大水深(7100米)就在这里。再往南，有较宽的楔形尼加拉瓜海隆，把海沟与哥伦比亚海盆分开，牙买加岛就在此海隆之上。哥伦比亚海盆深达3666米，与委内瑞拉海盆相连接，再往东就是北委内瑞拉海沟。但从伊斯帕尼奥拉岛往西，有贝阿塔海脊把哥伦比亚海盆与委内瑞拉海盆分开。委内瑞拉海盆水深为5058米，与狭窄而又弯曲的阿韦斯海隆相邻接。

加勒比地区植被一般为热带植物。环绕潟湖和海湾有浓密的红树林，沿海地带有椰树林，各岛普遍生长仙人掌和雨林。珍禽异兽种类繁多。旅游业是加勒比沿岸各国重要的经济部门，明媚的阳光及旅游区，已使该地区成为世界主要的冬季度假胜地。

由于海区纬度低和暖流影响，海水表层水温高，常达27℃～28℃，冬夏季变化幅度小，介于25.6℃～28.9℃之间。高温利于浅滩和火山岛基座上繁殖珊瑚虫，因而海区分布着众多的珊瑚礁和珊瑚岛。加勒比海尤其是南美大陆西北部沿海，受离岸风影响形成上升流，把海中营养物质带到表层，适宜浮游生物和鱼类繁育，成为拉丁美洲重要渔场，盛产金枪鱼、海龟、

开曼群岛

珊瑚礁

沙丁鱼、龙虾等。海区南部是石油产地。加勒比海是中美与南、北美洲交通、贸易航线的必经海区，自1920年巴拿马运河开通以后，又成为沟通大西洋和太平洋的重要海上通道，大大促进了加勒比海沿岸30多个国家和地区的经济发展。其主要港口有加拉加斯(委内瑞拉)、科隆(巴拿马)、金斯敦(牙买加)和威廉斯塔德(荷属安的列斯群岛)等。

海上草原：马尾藻海

世界上的海大多是大洋的边缘部分，都与大陆或其他陆地毗连。然而，北大西洋中部的马尾藻海却是一个“洋中之海”，它的西面与北美大陆隔着宽阔的海域，其他三面也都是广阔的洋面。所以它是世界上唯一没有海岸的海，因此也没有明确的海区划分界线。

马尾藻海是由于在它的海面上生长了茂密的马尾藻而得名的。它围绕着百慕大群岛，与大陆毫无瓜葛，所以它虽名为“海”，但实际上并不是严格意义上的海，只能说是大西洋中一个特殊的水域。这片特殊的水域约为3200千米长，1100千米宽。马尾藻海的地理位置大致介于北纬20°～35°、西经30°～75°之间，这正是大西洋副热带高压中心。高压附近的顺时针大洋环流形成了它的“海岸”，墨西哥湾暖流在其西，北大西洋暖流在其北，加那利寒流在其东，北赤道暖流在其南。

马尾藻海最明显的特征就是透明度大，它是世界上公认的最清澈的海。马尾藻海远离江河河口，浮游生物很少，海水湛蓝，透明度深达66.5米，个别海区可达72米。因此，马尾藻海是世界上海水透明度最高的海，世界上再也没有一处海洋有如此之高的透明度。所谓海水透明度，是指用直径为30厘米的白色圆板，在阳光不能直接照射的地方垂直沉入水中，直至看不见的深度。每当晴天，把照相底片放在1000余米的深处，底片仍能感光，这是其他海区不具备的特性。

百慕大群岛风光

你知道吗

魔藻之海

马尾藻海还号称是“魔藻之海”。在第二次世界大战中，英国奥兹明少校曾亲自去了马尾藻海，海上无风，但却散发着令人作呕的奇臭，还能看到毁坏了的船骸。海藻表面有极大的黏性，吸住人的手后，竟留下了血痕。到了晚上，海藻像蛇一样爬上船的甲板，似乎要将船裹住不放，为了航行，他只好把海藻扫掉，可是海藻越来越多，像潮水一样涌上甲板。经过一番搏斗，筋疲力尽的他侥幸得以逃生。

在马尾藻海上大量漂浮的植物主要是由马尾藻组成的，这种植物并不生长在海岸岩石及附近地区，而是以大“木筏”的形式漂浮在大洋中，直接从海水中摄取养分，并通过分裂成片，再继续以独立生长的方式蔓延开来。据调查，这一海域中共有8种马尾藻，其中有2种数量占绝对优势。厚厚的一层海藻铺在茫茫大海上，一派草原风光。以马尾藻为主，以及几十种以海藻为宿主的水生生物又形成了独特的

马尾藻

马尾藻生物群落。

虽然这片“海上草原”非常清澈，但在航海家们眼中，马尾藻海却是海上荒漠和船只的坟墓。在这片空旷而死寂的海域，几乎捕捞不到任何可以食用的鱼类，海龟和偶尔出现的鲸鱼似乎是唯一的生物，此外就是那些单细胞的水藻。在流传的故事中，马尾藻海被形容为一个巨大的陷阱，经过的船只会被带有魔力的海藻捕获，陷在海藻群中不得而出，最终只剩下水手的累累白骨和船只的残骸。

北冰洋的“暖池”：巴伦支海

2000 年 8 月 13 日，俄罗斯海军的中坚舰艇“库尔斯克”号核潜艇在巴伦支海沉没了！巴伦支海，这个偏僻、寂静的海域顿时声名鹊起，引起世人的极大关注。其实，巴伦支海是北冰洋的一个边缘海，它位于欧洲大陆以北，东至新地岛，西迄熊岛一线，北界斯匹次卑尔根群岛和法兰士约瑟夫群岛。其南部的一小部分延伸入科拉半岛与俄罗斯大陆之间，称为“白海”。巴伦支海以荷兰航海家威廉·巴伦支的姓氏命名，1594 年至 1596 年他曾三次航行到此。

巴伦支海位于斯堪的纳维亚半岛东北，面积为 140.5 万平方千米，海水总体积 32.2 万立方千米，平均水深 229 米，最大水深 600 米。巴伦支海是北冰洋各边缘海之中地理位置最优越的一个，94%的面积位于大陆架上，它底部的大陆架宽达 1300 多千米，是世界上最宽阔的大陆架之一。

虽然巴伦支海大部分处于北纬 70° 以北，但它却是北冰洋的“暖池”。这是为什么呢？原来在巴伦支海的北侧，由于得到斯瓦尔巴群岛和法兰士·约瑟夫群岛的护卫，

巴伦支海

阻挡了北冰洋浮冰群的侵入；再加上它东侧的新地岛又像天然的屏障，使喀拉海终年不化的海冰难以逾越。只有西侧岛屿较少，易于与外洋沟通。正是在这个方向上，强大的墨西哥湾暖流给巴伦支海送来大量温暖的海水，使巴伦支海的水温(4℃ ~ 12℃)比周围的北冰洋各部分的水温高得多，所以，巴伦支海才被誉为北冰洋的“暖池”。

这个“暖池”可不一般，它蕴藏了丰富的资源。由于温暖的大西洋水和寒冷的北冰洋水在此交汇，所以在巴伦支海这片水域中营养盐类氮和磷等特别丰富，因而浮游生物繁盛。这些浮游生物是鱼类的饵料，因此，巴伦支海的渔业资源丰富，是俄罗斯的重要渔场之一。其主要鱼类有鳕鱼、鲱鱼、鲑鱼、鲽鱼和鲇鱼等；此外，哺乳动物还有海豹、鲸类、北极熊、北极狐等。另外，在巴伦支海区，还有石油、天然气、锰结核等矿藏。

鲽鱼

世界交通要道：阿拉伯海

阿拉伯海是印度洋西北部水域，东靠印度，北界巴基斯坦和伊朗，西沿阿拉伯半岛和非洲之角，南面是印度洋。阿拉伯海北有阿曼湾经霍尔木兹海峡通波斯湾，向西有亚丁湾经曼德海峡进入红海，是联系亚、欧、非三洲海上交通的重要水域。

阿拉伯海风光

阿拉伯海的北部比较窄，但南部却比较宽，所以整个海区类似梯形。阿拉伯海域岛屿较少，主要岛屿有索科特拉岛、库里亚穆里亚群岛、马西拉岛和拉克沙群岛。其沿海地区大陆架面积狭小，仅印度半岛沿岸较为宽阔，孟买以北沿岸宽度达 352 千米。阿拉伯海西部的亚丁湾是一个东西走向的狭长海湾，由地层断裂形成，属于东非大裂谷的一部分。从索科特拉岛向东南有一条与印度洋地震带恰好重叠的卡尔斯伯格海，把阿拉伯海分隔成阿拉伯海盆和索马利海盆。

阿拉伯海处于热带季风气候区，这里的气温终年都比较高。其中部海域6月和11月表层水温常在28℃以上，但到了1月和2月温度转低，为24℃～25℃。临近阿拉伯半岛海面由于陆地干热气流的“烘烤”，水温可达30℃以上。11月至第二年的3月，这里常吹东北季风，所以降水稀少，这段时间也就是干季；而从4月至10月盛吹西南季风，所以降水丰沛，这段时间就是雨季。在夏秋之交，阿拉伯海域常常发生热带气旋，伴有狂风恶浪和暴雨。这里的海流会随着季风风向的变化而变化，夏季受西南季风影响，呈顺时针方向，冬季受东北季风作用呈逆时针方向。

阿拉伯海的气温比较高

你知道吗

印度河

印度河是流入阿拉伯海的最大河流。印度河虽然名字中有“印度”这两个字，但它却是巴基斯坦的主要河流，也是巴基斯坦重要的农业灌溉水源。印度河的河名出自梵语，代表“河流”之意。1947年以前，印度河仅次于恒河，为该地区的文化和商业中心地带。河流总长度为2900~3200千米。印度河文明是世界上最早进入农业文明和定居社会的主要文明之一。

我们再来看看阿拉伯海的一些岛屿。索科特拉岛坐落在阿拉伯海与亚丁湾的交接处，处于亚丁湾东南端，是印度洋通向红海和东非的海上交通要道，构成连接亚非欧三大洲的海上生命线，战略位置极为重要。索科特拉岛呈蛋形状，它不仅是也门第一大岛，也是阿拉伯世界第一大岛。

拉克沙群岛位于印度半岛西南阿拉伯海上，距马拉巴尔海岸约300千米。拉克沙群岛包括12个珊瑚岛、3个珊瑚礁，还有很多离海岸200~300千米的小岛。整个群岛陆地面积只有32平方千米。这里气候终年湿热，年降水量2500毫米左右。

据勘探得知，在阿拉伯海沿岸的大陆架中，蕴藏有相当数量的石油与天然气，还有大量的砂、砾石和牡蛎壳可做建筑材料。

大自然的杰作：珊瑚海

这里曾是珊瑚虫的天下，它们巧夺天工，留下了世界上最大的堡礁。众多的环礁岛、珊瑚石平台像天女散花，繁星点点，散落在广阔的海面上，它就是珊瑚海。在大陆架和浅滩上，以岛屿和接近海面的海底山脉为基底，发育了庞大的珊瑚群体，形成了一个个色彩斑驳的珊瑚岛礁，镶嵌在碧波万顷的海面上，构成了一幅幅绮丽壮美的图景。

珊瑚海是太平洋西南部的一片海域，北接所罗门海，南连塔斯曼海。它是世界上最大的海，面积达479.1万平方千米，最大深度达9174米。由于其周围几乎无河水注入，故水质清澈透明，水下阳光充足，肉眼可见到水下20米的地方，它也是世界上最透明的海。珊瑚的海底地形大致由西向东倾斜，平均水深2394米，因此，珊瑚海还是世界上最深的海。

珊瑚海海底美景

由于珊瑚海位于赤道附近，所以全年水温都保持在20℃以上。珊瑚海的海水含盐量一般在27‰～38‰，而且这里风速小，海面平静，水质洁净，是大多数珊瑚虫最喜欢的生存环境。因此，珊瑚海以众多的珊瑚礁而闻名，这里坐落着世界最大的三个珊瑚礁群，即大堡礁、塔古拉堡礁和新喀里多尼亚堡礁。

大堡礁是这里最大的珊瑚礁群，位于澳大利亚东北部。大堡礁像一条长带斜卧在那儿，长达2000多千米，东西最宽处达150千米，面积约8万平方千米。它的大部分礁石隐没在水下，露出海面的成为珊瑚岛。500多个珊瑚岛，星罗棋布地散落在900多平方千米的海面上，像一列列城堡，守卫着澳大利亚的东北海防。岛上茂密的热带丛林，郁郁葱葱；旁边白银色的沙滩，滩外碧蓝的海水下，可看到五颜六色

美丽的大堡礁

的珊瑚礁平台。这里阳光充足，空气清新，海水洁净，礁石嶙峋，是海洋生物的乐园。

在这里，人们可以划船、游泳，进行日光浴和沙浴，还可以坐在装有玻璃船底的游览艇里，饱览奇妙的海底世界。

你知道吗

珊瑚都能形成礁吗

不是所有的珊瑚都能造礁，只有体内含有石灰质的珊瑚，如石珊瑚、鹿角珊瑚、多枝蔷薇珊瑚等，才有这种本领。对造礁做过贡献的，还有珊瑚体内的虫黄藻，它是一种单细胞藻，个头很小，1000个虫黄藻在一起，才有一粒米那么大。它在阳光下进行光合作用，吸收二氧化碳，放出新鲜氧气，把氮磷钾变成有机物，作为营养供应珊瑚虫生长的需要，使珊瑚生机勃勃、绚丽动人。但当环境变得阴冷，虫黄藻便逃之夭夭，珊瑚失去营养，很快暗淡无光，枯萎而死。